U0665652

［日］河合隼雄 — 著

生与死的接点

［日］河合俊雄 — 编

渠昭（Joanne Qu）— 译

东方出版中心

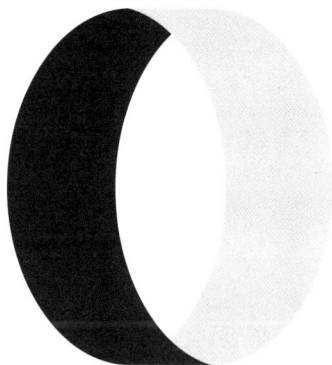

图书在版编目（CIP）数据

生与死的接点 /（日）河合隼雄著；渠昭译. —上海：东方出版中心, 2020.6（2021.9重印）

（河合隼雄心灵对话系列）

ISBN 978-7-5473-1648-1

Ⅰ. ①生… Ⅱ. ①河… ②渠… Ⅲ. ①心理学－通俗读物 Ⅳ. ①B84-49

中国版本图书馆CIP数据核字（2020）第085411号

上海版本图书局著作权合同登记：图字09-2019-492号

"SHINRI RYOHO" KOREKUSHON
III: SEI TO SHI NO SETTEN
by Hayao Kawai, edited by Toshio Kawai
with commentary by Kunio Yanagida
Originally published in 2009 by Iwanami Shoten, Publishers
© 2009, 2019 by Kawai Hayao Foundation
The Simplified Chinese edition published in 2020
Orient Publishing Center, Shanghai
by arrangement with Iwanami Shoten, Publishers, Toyko.

生与死的接点

著　　者　［日］河合隼雄
编　　者　［日］河合俊雄
译　　者　渠　昭（Joanne Qu）
责任编辑　程　静
封面设计　田松大魔王

出版发行　东方出版中心
地　　址　上海市仙霞路345号
邮政编码　200336
电　　话　021-62417400
印 刷 者　上海盛通时代印刷有限公司

开　　本　787mm×1092mm　1/32
印　　张　8.5
字　　数　134千字
版　　次　2020年6月第1版
印　　次　2021年9月第2次印刷
定　　价　39.50元

版权所有　侵权必究
如图书有印装质量问题，请寄回本社出版部调换或电话021-62597596联系。

序言　生与死

死的恐怖

　　虽然记忆不很确切,但回想起来,我对死的惧怕应该从五岁左右便开始了。双目紧闭,捂住双耳,屏住呼吸,念叨着"这就是死吧"。想象着连这个胡思乱想的我也会就这么没了,便毛骨悚然。死尽管可怕,可我在白天却并不在意。到了夜晚才会又纠结起来,但仗着家里兄弟众多,也总能在大家的七嘴八舌中进入梦乡。

　　为何死让我如此恐惧呢? 其实在我四岁时曾有一个弟弟因病死去。据说葬礼到了要把棺材抬出家门的时候,幼小的我拼命抱着棺材,哭喊着"不能扔啊"。我常听母亲说起这个情景,可自己并不记得。对那口棺材倒是有印象,不过那印象也许是后来形成的。据说弟弟死后母亲极度地悲伤,成天只是反反复复地念经。实际上,母亲悲哀的样子也并未留在我的记忆里。尽管如此，这段儿时经历与日后自己对死的极度恐惧应该是相关的。

整个青少年时代，死这个问题始终从我心里挥之不去。特别是战争年代，随着军阀教育日占上风，"为国捐躯"备受推崇，孩子们从小就把"不怕死"当成做人的目标。尽管我也觉得这种想法伟大，也很尊敬不怕死的人，却不得不承认自己内心对死的恐惧。我嫌自己胆小，却也从未有过那种要"为国捐躯"的念头。

虽然还是个孩子，我的内心却充满了痛苦和矛盾。好在战败后，总算不用再理会所谓"为国捐躯"的理想了。然而，内心对死的惧怕并没有因此而消失。当然，每个人对死都有恐惧感，而我的似乎比别人更强烈些。

意外的是，尽管一直思考着死的问题，我却从没想到要学宗教学，倒是很认真地考虑过是否学医。当医生的话，也许可以理解他人的死,可是能否解答"自己的死"则另当别论。这么想也就觉得这医生不当也罢,我倒是往自然科学方面迈开了一步,最终踏进了临床心理学的领域。

学荣格心理学虽然纯属偶然,但在学习的过程中却逐渐感觉到,自己终于走上了一条原本最该走的路。在美国刚接触荣格心理学时,关于死亡这一课题,有件事令我印象深刻。那时我在读荣格的高足卡尔·艾尔弗雷德·迈耶(Carl Alfred Meier)的演讲记录。其中迈耶对一个病人的梦——六个梦的系列——进行了分析,分析后跟病人说,"这些梦象征着你已来日不多了"。他波澜不惊地告诉病人死亡就在眼前,还建议病人做一些临终前的心理准备。这种情景实在令人瞠目。竟有人能如此正视死亡,处之泰然,这就是荣格心理学派吧。(结果,日后迈耶也成了我的心里分析师。)

后来还有这么一件事。当时我在一个精神病医院里打工,每次帮助一个瘫痪在床的病人做一小时日光浴,并在日光浴时陪他聊天。可没多久,这个病人告诉我,他的多发性硬化症已病入膏肓,将不久于人世。在当时那个年代,类似病情是不会向病人透露的,这个病人偷看了自己的病历。得知实情后,我的心情十分沉重,以至于不想再继续这份工作了。我跟当时自己的心理分析师斯皮格尔曼谈了此事。他说:"这样的话,咱们就该对病人做'临终准备'的心理指导。"他有个叫阿尔·沃德的朋友,既是荣格心理学派的心理分析家,也是天主教会的神父,此人专门为即将离世的病人做"临终准备"的心理指导。

我当时觉得自己实在无法胜任这项工作,便推辞了。然而,我已日益认识到,学习荣格心理学在我人生中的意义。今天,为临终准备而寻求咨询的病人有增无减,但在当时(20世纪60年代)还是十分罕见的。我最终选择了这一个能毫不畏缩、正视死亡的学派,总觉得是冥冥之中自有天意吧。

人生课题

　　生死互为表里。在思考死的同时,必须考虑到生。而在思考生的同时,又必须考虑到死。这样,"生"便如加了"死"这个衬里似的,会厚实许多。如前所述,我自己在五岁时,对死有过强烈的恐惧。我认为,在五六岁或青春期,这样的人生成长的转折期,人们对死的恐惧感,会更形象、更直接一些。人生轨迹,并不总是直线般的循序渐进,人生道路有千沟万壑和大起大落。这种变化更直接、更形象化的表现,便是死和再生。这也是为什么,当巨变发生时,背景里总有死的影子。

　　如果我们能理顺生死之间的关系,那么,即使对死的恐惧不会完全消除,也多少可以得到缓解。生死是一个不可分割的、整体的存在。

临床心理学和精神分析学最初出现时，便带有十分现实的目的性。其目的在于帮助那些忧心忡忡，或患有心理疾病的人。所以，这门学问从一开始，就十分注重并努力寻求各类心理疾病和烦恼的"原因"所在。而在究明这些病因的各种努力的过程中，我们发现，人从出生开始，在成长过程中的每个阶段，都有在这个阶段中必须解决的心理课题。如果随着年龄的增长，相应的心理课题未如期解决，就会因此产生各种各样的心理问题。如此，通过对人各个心理发展阶段相关课题的研究，便逐渐形成了基于人的发展阶段的模式，来观察人的方法。

其中，弗洛伊德所提出的性心理发展阶段说，长期以来为很多心理治疗者所接受。而荣格所接触病人的类型，与弗洛伊德及其他很多心理医师所接触的不同。荣格以下这一段话,在本书正文中也会引用到。他说:"我的大部分患者其实都非常能够适应现实社会,也大多具有非常杰出的能力。这些病人没有任何不正常可言。"所以,用"正常人的发展标准",来比较和讨论这些人与"正常人"的差别在哪里,是完全没有意义的。对此,荣格开始提出了"个性化过程"这个新的观察方法。

如弗洛伊德所指出的那样,人的前半生从出生到成年,可分成几个阶段。然而,当人到中年,自己如何变老,如何死去,自己从哪里来,又要往哪里去,这样的人生根本问题纷至沓来,令人应接不暇。而这些问题的答案因人而异。从这一点出发,荣格提出了"个性化过程"的想法。他把本来在心理学视线外的老与死这样的问题引入了心理学,从而明确了中年后,也就是人生后半期的心理学课题。

荣格的理论,最初并未得到广泛接受,但也在逐渐被理解。就像本书将提到的那样，弗洛伊德派的埃里克森采纳了荣格的学说，并提出了包括人的整个生涯在内的"生命周期"论。他的这个理论在美国首次发表时，便受到极大欢迎。埃里克森的理论，也被介绍到了日本。他的理论成为在讨论人生时的"人生指南"——其中包括他所提出的自我同一性——被日本学界广泛接受。

而笔者则根据荣格的理论，对青年、中年和老年期各个阶段，在整个人生中的位置和意义进行了探讨，同时也在不断发表自己的想法。本书便是这些思考和论述的总括。我自己的有些想法，跟荣格的不完全一致。其中最大的不同在于，虽然我很理解荣格把人生分成前后两个时期的想法，但认为这个模式并不适合所有的人。荣格分别分析了人生前半部分和后半部分的任务，可我认为，这些任务是贯穿于整个人生的。进一步说，将人生分段考察的思想确实有用，可人从出生那刻起就带有"整体性"，将人生视为一个不可分割的整体的认识也同样重要。

这一点与我自己临床心理的工作态度也有关系。如果人的发育可以分成确切的阶段，又假定每个人的发育，都遵循这一完全相同的阶段，那么，治疗者根据这个非常严格的阶段性，就可以绝对正确地判断病情并指导患者。这样，判断者和被判断者、指导者和被指导者之间的区别，也会十分清晰。确实有人认为，这种阶段性是"绝对科学的"，故而坚信不疑。

然而，我认为对人的理解是一件更为复杂的事情，不容易得到一个整齐划一、泾渭分明的答案。当然也并不是完全不能理解。我们尊重也相信，人的成长可以分成几个阶段，以及各个阶段存在独自的人生课题。可我不主张把这个方法看成绝对真理和科学事实。荣格所说的"个性化"，仅仅是说对人的观察,从人出生开始——也包括人的前半生——就应该重视个人之间的差异。心理咨询师要懂得"二律背反"的意义,并且要始终意识到它的存在。

男女老少

人是一个具有"整体性"的存在。从这一点出发,应该说在每个人的内部,始终存在着"男女老少"各种成分。从孩子身上可以看到"老人的智慧",而老人也有表现出"孩子气"的时候。男性化的女人,或是女性化的男人也不少见。所以,我觉得根据年龄和性别来判断一个人,是一种视野狭隘的标准。

依照以上思路,笔者曾撰写过《男女老少的原型》一文,此文亦收录在本书中。此文在表现我自己上述想法的论文中,属于较为重要的一篇。我自开始学习西方心理学以来,始终思考着一个非常重要的问题,即如何解释"西方的自我"这个问题。此文阐述了我对这个问题的看法。

自幼时开始,我曾对死有过强烈的恐惧感。我有时候会想,也许这种幼时的恐惧,正是自己对西方近代所确立的"自我"的概念,特别有兴趣的缘由之一吧。

在思考人生时,就日本的传统来说,是从人的死开始考虑的,如"如何死去"这样的问题。日本人对死后世界,似乎比对今天的现实世界还更重视一些。与此不同的是,西方文化里的"自我",可以说是仅以"人该怎么活着"的讨论为中心吧。

虽然西方文化中的"自我",归根结底只在乎"今生今世",但好在基督教的"复活"一说支撑着"死"的世界,这一点令人欣慰。基督教与其他宗教的轮回不同,"复活"仅有一次。既然只能"复活"一次,也就意味着人们必须全力以赴地

去活这仅有一次的今生。而今生今世的所作所为,"复活"之
际是会受到审判的。

埃里克·诺伊曼(Erich Neumann)通过图像形式,非常
精彩地揭示了西方文化中"自我"的形成过程。对此,本书会
另作介绍。我最初读到他的这本书时,十分震惊。该作者的
推理技巧,以及巧妙地选择神话图像的能力等,都极令人钦
佩。但更重要的是,读过此书我便愈发感到,日本人"自我"
的确立过程是多么不到位。那一段时间,我心里总是思考着
日本人的"自我"未得到确立这一问题,并常感到十分遗憾。

然而,随着自己在日本临床经验的增加,及对各种问题
的思考,我发现西方的"自我"固然令人仰叹,可也不必把它
想成最佳和唯一的存在。人有多种意识又有什么不好呢?
而且,近代自我意识即将走到尽头的迹象,不是也在日渐明
朗了吗?

正如诺伊曼所指出的那样,用壮年男性的英雄形象来形容西方近代的自我,最合适不过了。永远正确,并必须具有战胜一切的绝对性力量。在欧美,长期以来,这种男性原理绝对优势的生活方式,始终占主导地位。男女结婚一事,在欧美文化中,作为一种对男性原理的补偿,则具有极高的象征性。

荣格在注重人的心灵整体性的同时,也意识到了在欧美文化中,强势的男性原理所造成的被扭曲的部分。因此,他非常强调男女结合这一象征的重要性。如果注意到基督教里谈神论道时的天父形象,及"三位一体"将女性排除在外的事实,也就会明白为什么中世纪的炼金术,被认为对基督教具有补偿作用了。荣格认为,关于中世纪炼金术的大部分书刊,都是假借对金属变化过程的描写,而实际在描述人格的变容过程。

在东方文化里,相对男女之间的力量对比,更重视老少关系的力量对比。以这一点为主题,我于 1982 年完成了《男女老少之原型》(《元型としての老若男女》)一书。同年还出版了《古代传说与日本人》(《昔話と日本人の心》,岩波书店出版)。书中提出了"女性意识"在日本的重要性的问题。虽然我们要认同西方文化中的自我意识,但这并不是唯一的。老人意识、少年意识和女性意识也都很重要。换句话说,即使是同一个个人,其意识的样态也会根据不同状况而变化。

境界

用以上的观点观察人生就会发现,不可能用一个严格明确的形式来划分人的各个时期。但在一定程度和范围内仍可确立青年期、中年期、老年期一类的课题。本书虽然对这

些进行了讨论,但也只限于一般而论。我们必须清楚,根据
各种场合的不同,情况也会千差万变。

在非近代社会(在此指 1868 年以前——译者注),孩子
到了一定的年龄,无论个人成长差距如何,全部集体升级为
成人。升级必须要经过过渡礼仪,所以这个可称为"古代智
慧结晶"的过渡礼仪,在那个社会是必要的。本书正文对此
还将作一些介绍。古代人发明的过渡礼仪的方法实在令人
称赞。

说到过渡礼仪,现在很多人对其有好感。然而他们却轻
率地认为,在现代社会(此处指 1945 年至今——译者注)应
该恢复某些过渡礼仪。如果从重视个人这一点出发,类似的
集体行动是不能实现的。现代社会的特征是,每一个个人得
找一个适合于自己的方式,去体验人生各时期的过渡仪式。
可当这类活动进行得不顺利时,内在的不协调,却时常会引

发各种各样的外部"事件"。

我们这些心理咨询师的工作，就是去面对那些被认为在"事件"中扮演反面角色的人们。可以说，我们是使这些"过渡礼仪"顺利进行的推手。可我们不像非近代社会的僧侣那样，在礼仪的进行中具有"圣职者"（神、佛）的地位。所以我们的工作自然会有很多困难。

边缘性人格障碍症（borderline case）的存在，使人能够深切感受到现代社会中的"过渡礼仪"问题。关于边缘性人格障碍症，读者可通过正文进一步了解。总之，这是一些使许多临床治疗者感到非常棘手的病人。正如"边缘性人格障碍"这个名字，对照现有的疾病分类标准，很难将此病划入某一类。所以，直到现在，甚至还有人不认同"边缘性人格障碍"这一病名。

人类的精神性疾病可以表现出一个时代的文化特征，对这个社会和文化在观念上的某些偏见，能起到一个敲响警钟的作用。在跟边缘性人格障碍症患者的接触过程中，我越发认为，这种疾病实际上是对近代"科学万能论"的一种强烈抗议的产物。

边缘性人格障碍症患者，在拼命地抗辩一种生活方式，即那种把所有的存在都明确地进行区分，以保持"秩序"的生活方式。人们最近常说，现在是一个"打破境界的时代"。虽然"打破境界"已经成为一种流行语了，可所有的打破境界的活动，似乎还并没有真正开始。只要看一下边缘性人格障碍症患者们，在生活中挣扎得多么痛苦，就知道试图打破所有的境界会带来多大麻烦。如果，我们被"无国界时代"这样的时髦说法打动，轻率地顺从潮流，必定会以惨重的失败告终。

方济各会"认为自己教团的修道士们，是朝着永远不变的天国方向不断移动着的、只有这么一种生活的边缘人"。

也就是说,活在世界上,其实就是生活在一个特定的"边缘界线"上。我们从某地来到了这个世界,然后很快又去另一个世界,这里的"边缘"指的就是人这一辈子。换句话说,所有的人都是边缘性人格障碍人。只不过"普通"的人,把这种边缘处境抛在脑后,满心被这个世界上形形色色的物质、精神吸引,并不十分在意自己的处境而已。如果这么想的话,我们就会对边缘性人格障碍症患者产生一些亲近感。

本书中关于边缘性人格障碍症的文章,被译成德文发表。笔者曾收到一位德国读者的来信。他说,自己被诊断为边缘性人格障碍症,并在接受治疗。他写道:"您书中关于边缘性人格障碍症的治疗与过渡礼仪之间的比较研究,与我自己所经历的病情,处于危急时的状况十分类似。"并说,他当时很感激的一点是,"我的治疗师对治疗并未单纯地追求治愈,而是用心跟我一起去体会我的那些经历和感受"。我看了这个读者的信也非常高兴。这篇文章也被译成意大利语刊行。我对边缘性人格障碍症的认识,能达到跨越国界范围的理解,也是很有意义的事情。我希望今后在接触"难病"患者的过程中,不断加深自己关于生死问题的理解。

目　录
Contents

第一编

生死之间

第一章 生命周期

一、生命周期的意义

"生命周期"这个词,现在已经是众所周知了。不仅专家,普通人也常常会使用这个词。其实,它的出现还是比较近期的事。其在短时间内能得到迅速普及,说明了现代人对"生命周期"的强烈关心。

一个人从生到死,充满了变化和经历。长期以来,心理学中的发展心理学的研究课题,便是摸索人一生"发展"过程中的变化模式及规律。所以,关于人的"发展阶段"的研究,由来已久。以往的研究课题中也曾出现过很多的"阶段"设定。生命周期的概念,与以往研究中的发展阶段的概念相比,其实并无大差别。它能有今天这样的普及是有其相应的理由的。在注意到这个特点的同时,我们先来简单地说明一下什么是"生命周期"。

1. 什么是生命周期

人从出生到渐渐长大成人,然后慢慢成熟,变老,死去。研究这个变化过程的学问,在心理学里有"发展心理学"。发展心理学领域已有许多研究成果问世。其中,根据研究对象年龄的不同,可分为儿童心理学和青年心理学等。这些对心理学的研究的形成和发展,多以自然科学的方法论为根据。其关于人的发展状态方面的研究,已经有了非常明确的答案。问题在于，由于这些研究多以自然科学的方法为基础，其着重点具有偏重于外部观察的倾向。

在深层心理学领域，弗洛伊德从注重人的内心世界出发，在人的发展阶段的研究上，形成了自己的理论。对这一点，下文还会进一步介绍。美国精神分析家埃里克森吸收了弗洛伊德的理论，并在此基础上创立了他自己的理论。他提出和整理了包括一个人一生的发展阶段的理论。埃里克森的理论，即他的关于"生命周期"的理论及"自我同一性"的思想，得到了极大的普及。今天，它在日本已经成为一种常识性的存在。

丹尼尔·J.莱文森（Daniel J. Levinson）对生命周期这一用语，曾做过以下说明[(1)]："周期"（cycle）与"发展"（development）出于同一词源。他指出，今天仍在使用的另一些英语词汇，如"circle""evolve""completion""wheel""inhabit""culture""cultivate"等也出于同一词源。"生命周期"（life circle）一词"虽包含了这里所有词的基本含义，但这些基本含义却并没有得到明确表现"。莱文森认为，"生命周期"所包含的众多的基本含义里，有两点非常明确：第一，"生命可以被视为从出发点（出生／开始）到终点（死／结束）的过程，或旅程"。第二，"生命周期"如同"季节"，可以被划分为一系列的时期或阶段来看[(2)]。也就是说，人的一生，虽因人而异，却都可以被看成一个个的过程，就像有季节变化那样，呈现出具有特征的段落及变化。

从这个角度来看人生，人的一生将如何分段？在人生的划分形式上，埃里克森最先提出了有说服力的解释。埃里克森以如下表格，提出了个人发展演变的模式（epigenetic scheme）。

表1-1 埃里克森的个人发展演变模式

发展阶段	精神和社会的危机	重要关系范围	精神和社会的形态	基本道德分类（动力）	精神和性的阶段
Ⅰ 婴儿期	信任 对 不信任	母亲	获得—回报	希望	口唇的感觉的（接受）
Ⅱ 儿童期	自主对害羞	父母	持续—释放	积极性	肛门期
Ⅲ 学龄初期	主动对内疚	基本家庭成员	模仿(=追赶)—那样做(=游戏)	目标	内在的一致性
Ⅳ 学龄期	勤奋对自卑	邻居、学校	创作(完成)归并、综合	合格	潜在期
Ⅴ 青春期	自我同一性对角色混乱	伙伴及其小团体,其他小团体、领导典范	自己内在的一致性,分享个性	忠诚	思春期
Ⅵ 成年早期	亲密、团结对孤独	友情、性、竞争、合作对象	迷失,并发现自己	爱情	性器期
Ⅶ 成年期	生育性对停滞	分工对象或家务对象	创造,并关心生存	关心	
Ⅷ 成熟期	自我调整对绝望	"人类""我们民族"	顺其自然,面对消失	智慧	

　　之后,当人们在说明生命周期的阶段时,常会引用此表。尽管如此,对埃里克森十分了解的铲幹八郎却明确指出,他怀疑我们或许并没能正确理解埃里克森的初衷。铲幹八郎认为有些人"并不是明知故犯,而是只根据自己的需求,来解释别人的学说。虽说无意,可在引用中让它跑调了的情况却不少"[3]。之后,他又提出一个非常重要的想法,即"自我同一性的基本思想,是以精神分析的自我论为基础的。应该说,要让这种理论融入日本文化的水土之中并非易事"。笔者对此也大有同感。

　　看了埃里克森的图表,便十分清楚,他的想法是立足于弗洛伊德的发展阶段说的理论上的。弗洛伊德的理论以青年期自我确立以前的阶段为基点,他的人生阶段论,是在十分注意性冲动的表现及变化的前提下所形成的。埃里克森在弗洛伊德理论的基础上,又考虑到社会因素,增加了青年期以后的几个阶段,完成了包括人的一生的生命周期论。从前因后果上来看,其中不可否认弗洛伊德"自我确立"理论的重要作用。然而,这个"自我"说到底,是西方近代文明的产物。笔者多年来,不厌其烦地强调:这个自我与日本人的自我是不同的。对这一点的探讨有待后续。由于有这样一个非常重要的问题,日本人很难原原本本地认识和接受埃里克森的最初意图。我们在讨论生命周期时,当然会引用埃里克森的学说,但必须要注意到其中的难点。

　　从表1-1来看,可以说埃里克森只是在弗洛伊德的图表后边加了两个阶段的内容。可是为什么"生命周期"一词却能如此普及,意义又是如此重大呢?对于这一点可能大家都会产生疑问。这种疑问也是理所当然的,为理解这个问题,我们有必要了解一下埃里克森理论提出之前的历史。

2. 弗洛伊德和荣格

弗洛伊德的发展阶段的学说,并不是通过直接观察儿童,而是通过成人精神病患者的治疗而来。当然后来他的这个学说,也通过针对儿童的游戏疗法经验等得到了进一步的证实。其发展阶段的学说的特征在于,从成人心灵深处的儿时状态,来探讨人的成长过程。

弗洛伊德在分析歇斯底里的病人时发现,患者幼儿期的体验,很可能是病症的原因所在。弗洛伊德认为,一个人出生后,是在阶段性的心理以及性的经验中成长起来的。在这个过程中,如果某个阶段出现障碍的话,那么这种经验到青年期或者成年期,则会成为精神症发病的原因。所以他认为,对精神症患者来说,通过将其内心无意识的内容意识化,从而找到过去的障碍,使长期在身体内部的性冲动得到散发,即可以使精神症得到治愈。而其阶段性学说,则是通过将一个人的生理欲求及活动相结合,进而找出其阶段性的。

弗洛伊德的理论,是建立在自然科学的思维方式上的。所以从"原因—结果"这个关系出发就变得非常容易理解。可由于种种原因,这个理论在欧洲并没有顺利地被接受。

然而在美国它却非常迅速地被接受了,并深入了大学的学术领域。美国人虽然在对其理论的理解上产生了一些扭曲,然而这个理论却非常适合于美国这个新兴国家。他们认为,这个重视婴儿期的理论,换个角度来看,也就是如果在儿童教育方法上下功夫,那么通过正确引导,无论是怎样的孩子都能发挥自己特有的才能。加上孩子本身及周围人的共同努力,孩子就能切切实实地长成栋梁之材。而且,这个理论是有科学依据的,这一点也同美国人的气质十分吻合。

弗洛伊德将分析的目标阐述为"名誉、权利、名声,及女性的爱"[4],这一点很清楚地表明,这是一个以壮年男子形象为象征的发展阶段说。其目标是变得更强大,向更高处攀登,而发展阶段到壮年期便结束了。这么看的话,我们必须承认,埃里克森的生命周期说,其实不单单是加上了两个阶段,而且也包括了很多思想创意上的转变。正如亨利·F. 埃伦伯格(Henri F. Ellenberger)曾指出的那样[5],埃里克森这些思想创意上的转变,其实受到了荣格影响。那么,荣格的想法又是如何呢?下面我们来了解一下。

荣格很早就摆脱了"壮年男子中心论"。其中最大的原因,或许是因为与弗洛伊德不同,荣格接触的更多的是精神分裂症病人。而在治疗精神分裂症患者的过程中,如果治疗者以一个"壮年男子"的形象出现,心急火燎地想让自己的形象看上去显得更强、更高大的话,就有可能得不到理想的治疗结果。荣格本人也曾苦于精神分裂症,这让他明白了一个道理:看一个人的人生时,一定得看全体。我们所应该追求的形象,原本应是多种多样的,而并不只是壮年男子的形象,应该是一个男女老少都包括在内的形象。不可思议的是,在他有了这种切身体会之后,不仅精神症患者,一些表面上看上去完全正常的,甚至很出色的人也会慕名而来拜访他。

荣格对于这一点曾经说:"我的大部分病人,很多不仅对社会很适应,而且具有杰出能力。他们不存在任何所谓精神正常不正常的问题。"他还说,"我的三分之一的病人,不是靠临床诊断可以定性的任何一类精神症患者。他们的问题是苦于那种无意义、无目的生活。如果这被认为是现代社会一般的精神症,我大概也不会反对吧?我的患者的三分之二,都是生活在人生的后半期的人"[6]。

荣格认为,与努力确定自我的前半期的过程相比,人生的后半期的问题更为重要。他在其《人生的阶段》[7]的论文里,清楚地表明了这一看法。此文最初发表于1930年,显然他当时已经有了我们现在所讨论的"生命周期"的想法。荣格是第一个强调人之所以内心烦恼,是因为开始有了"意识"的人。这个问题与我们曾讨论过的西方人的"自我"也是相关的。对于这一点,我们一定要先有所了解。当然,有些人不具有很高的意识性,或者是不在乎意识的存在。对他们来说,不讨论关于人生后半期的问题,也能过得去,这也是事实。

一个人确立自我的过程,是把自己难以接受的事物排除在外的过程。人到中年,在一定程度上功成名就,而这种功名是一种片面地限制自我的结果。荣格认为,人的中年是从三十五岁到四十岁之间开始的。此时人们会注意到之前被自己所忽视的那些方面的存在,而从开始考虑如何将其吸取进来的时候,中年危机便开始了。之前所排除的东西,都是出于各种理由才被排除的,现在却要取回了。按照荣格的说法,这种做法不可能被社会及自然认可。这样,这些人会立刻陷入困境,甚至有可能遭受毁灭性打击。荣格进一步说,所以"问题存在的意义和目的,并不在于解决。重要的是,我们应该不断地去面对问题"[8]。

人的后半生,要面对许多问题生活着。这虽然困难,可也正因为处于逆境,你才能找到与社会上一般的价值观无关的、真正属于自己的个性。这样的生存方式,这样的人生本身,或许可以说是一种艺术吧。荣格说:"在我们中间,可以被称为艺术家的人少之又少。可我们应该知道,生活的艺术,可以说是在所有艺术中,最杰出同时也是无与伦比的艺术。"[9]

由此可见,荣格创立的学说与弗洛伊德的学说所强调的重点是完全不同的。现在看来,从某种程度上来说这也是当然的,我们应该承认,荣格虽然在 20 世纪 30 年代对自己的学说已有所论述,可在当时的美国,能理解荣格学说的人是非常罕见的。美国充分吸取了弗洛伊德学说中强调以壮年男子形象为中心的部分，这对当时的美国来说已足够了。然而，埃里克森则在弗洛伊德学说的基础上，进一步吸取了荣格学说，并将其改写成了更容易理解的图表形式。这样，生命周期的图表便完成并问世了。那么，埃里克森学说——乃至荣格学说——究竟是如何突然为美国学界所接受的呢？

3. 现代的意义

现在之所以更多的人对生命周期理论的问题有兴趣，其中一个不可忽视的原因，在于平均寿命的急速增长。今天跟"人生五十年"的时代比，平均寿命要长许多。所谓"人生七十古来稀"的说法，如今已经完全没有意义了。现在接近八十岁的人，比以前增加了很多。所以，那种拼命更积极、更高效地完成预想的人生目标，可到理想实现时，自己却因过度劳累而死的情况减少了。人们现在不得不考虑的是，如何安度老年的问题。此外，前边提及的那种以壮年男子形象为中心的文化，有低估老年人的倾向。这样，如何安度老年这一问题，便日益成为今天的焦点。然而期待借助自然科学的发展，来帮助高龄人维持可与年轻人匹敌的体力，终究是不可能实现的。正如荣格所说，人的精神状态在中年以后，就开始有下滑的趋势了。

所以，生命周期理论的思想，相对弗洛伊德的发展阶段论来说，并非只是在尾部补充了些内容，严格地说它是有价值观变化的。这种新的价值观并不认为强大便是一切，而是主张整个人生轨迹，是一个从头到尾包括强弱善恶的整体。对越南战争失败后的美国来说，这种思考方式比之前要容易理解和接受了。此外，这种价值观的变化是必要的。因为他们必须抛弃美国是世界上最正确、最强大的国家这一观念。

欧美中心主义的解体，与生命周期理论普遍被接受二者之间，有着不可思议的深切关联。从最初就重视人生后半期的荣格曾深受东方哲学的影响，这也是众所周知的事实。荣格通过理查德·威廉对中国有了很多了解。他对在下一节里我们即将说到的孔子的一些论述，应该均有所知。另外，通过海因里希·齐默，他对印度的思想也有所了解。总之，这些东方的智慧，同西方以壮年男子为形象的自我中心论，是完全相反的。现在，欧美人感到"欧美中心论"即将走到尽头，越来越多人对东方的思考方式发生了兴趣。这个变化，与通过思考人生后半期的意义来看整个人生的态度，极为相关。

埃里克森始终依据精神分析的自我论在探讨问题，可值得注意的是，他从来不用"自我"一词，却乐于使用"同一性"这样含义十分模糊的用语。我认为，埃里克森不用概念十分清楚的"自我"，而用"同一性"一词，是因为他想包括除了可用语言明晰描述以外的一些只可意会不可言传的内容。这也暗示了，在讨论这个问题时，只用西方的"自我"概念的不足。

如上所述，生命周期理论是一个以注重事物整体的视点为基础的理论。它改变了之前把成人问题直接与过去发生的事情相连，在原因、结果的"连锁线"上观察问题的思路。这也就是说，成人的精神症，并不需要追溯幼儿期的体验，它其实也可以被理解成，是为人的后半生做准备所产生的反应。今后在分析成人精神症时，也需要和未来相关的事项联系起来讨论。并不能只把现在看成过去的结果，也应该看成对未来的准备，或者把现在看成包含着过去和将来的一种存在。比如说，以前对一个精神症患者的治疗是让他想起过去的事情，直接将其当作现在的病因。可实际上，我们不能按照字面上的意思，就这么把过去的事情当成原因。现在正在想起过去的事情，这个想起的行动是具有意义的。从某种意义上说，这个想起的行动代表着现在。这种把握事物的方法，彻底颠覆了科学的机械认识论，即这一认识方式：在直线的时间序列上，认为昨天的原因导致了今天的结果。

本书在之后介绍耶鲁大学的研究时还会提到，他们的研究之所以具有划时代意义，其理由之一，说到底，在于其研究是以事例研究为主。从上述整体观察问题的角度看，把一个事例作为整体的人生，用切片分析的方法去研究，即使有大量的切片分析，进行统计处理，其实也仍是一种无意义的研究。对于那些信奉所谓"客观科学"的人们来说，事例研究只不过是其中的个案,从中是得不到任何带有普遍性的结论的。在学术上,确实存在着从普遍中导出普遍性真理的研究方法,也非常容易理解。这里所讨论的问题,说到底也是个案研究,准确地说是通过深入探讨个案来寻求普遍性的研究。从这个意义上来说,生命周期理论及其相关研究,提出了与之前完全不同的、崭新的研究思路,仅此一点,生命周期论的研究,也十分具有现代意义。

最后,众所周知,生命周期理论的思考方式,对理解现代的年轻人很有帮助。在分析现代青年所存在着的诸多问题时,如果考虑到这些青年正处于一种心理社会性延缓(psychosocial moratorium)期间的话,就可以找到答案。今天我们在讨论青年问题时,离开"同一性""心理社会性延缓"这样的用语则无从谈起。

二、古人的智慧

生命周期的理论,提出了不能只在乎人的前半生,也要考虑后半生的观念,或者说是把握人完整的人生、避免偏重壮年期的研究法。然而,如以前我们也曾提及的,其实对古人来说,这种思想是再自然不过的了,古训中比比皆是。

在格林童话里,有一个名为"寿命"[(10)]的故事:上帝要给驴子三十年的寿命,可是,驴子觉得装卸工的活儿实在太苦了,所以求神缩短它的寿命。神很同情,答应把驴的寿命缩短了十八年。接着,狗和猴子也觉得活三十年太辛苦了,然后神也把它们的寿命分别缩短了十年和十二年。这时候人来了，只有人遗憾到三十岁的寿命太短了。神就把驴、狗和猴子寿命里缩短了的十八年、十年、十二年全部相加然后给了人。这样人就有了七十岁的寿命。尽管如此，人还是很不满地离开了。结果就是，人开开心心地度过属于自己的三十年，以后的十八年则是忍辱负重的骡子人生，之后的十二年里则是掉了牙什么也嚼不动的老狗的生活，最后十年则是孩子般的猴子人生。这是格林童话里关于生命周期的故事，也是一个极具讽刺性的故事。

这个故事给了我们很多启发。其实，所有的动物如果自自然然地活着，是不会有什么对长寿的祈愿吧。荣格曾在一篇有关人生阶段的论文的开头说，人的苦恼，其实是从有了意识之后开始的，这一点说得非常在理。在所有的动物里，唯独有意识的人类，才有长寿的愿望。上帝虽然接受了人的祈愿，但也只是把从其他动物身上缩短了的那些年数转给了人。这一点对我们很有启发。应该说，上帝虽然承认人与自然界其他的动物不同，可给人延长寿命的程度，也只能限制在了自然界允许的范围之内。根据这个故事来看，这种延长寿命的方式并不能说给人带来了多少幸福，而其特征则是，人三十岁之前的人生是自己的，到壮年为止都活得像个人。可在变老的过程中，就逐渐呈现出动物的身影。我们可以把它理解成，这是对欧美文化中能永远保持强壮，或想永远保持强壮那种错觉的讽刺性批判。

1. 希伯来、希腊

虽然格林童话对老年是冷眼相对的,可这对我们所谈到的欧美文化里的壮年优越论,特别是对他们将壮年优越论沿用到老年期的态度,是一种平衡和补充。相比较而言,在古人谈论人生的记述里,有些对人生轨迹的描述更值得借鉴。我们根据莱文森的阐述,来具体介绍一下[11]。

《犹太法典》有《箴言》一卷,其中曾说到以下这样的"人生年表":

五岁:读书(圣经)

十岁:《密西拿》(律法)

十三岁:十戒(成人礼,道德的责任)

十五岁:完成礼(抽象的论证,学传统)

十八岁:婚礼的天堂

二十岁:工作就职

三十岁:掌握十分的生活能力

四十岁:理解

五十岁:给人忠告

六十岁:成为长老(智慧,老者)

七十岁:白发苍苍

八十岁:"返老还童"(年龄带来的非凡力量)

九十岁:岁月厚度,弯躯如弓

百岁:恰似已死(似乎已经离开了这个世界)

以上是《犹太法典》中有关生命周期的记录。古人这个人生百年的构想，非常耐人寻味。由此可知，他们的宗教教育开始得很早。在如此带有宗教色彩的教育环境中成长，与"年老才能终其天年"的想法的形成，是很有关系的。在前述所提及荣格的《人生的阶段》一文里，他曾为现代没有多少关于人的后半生的研究而深感遗憾，并指出其实在更早期的宗教里，这些是存在过的。《犹太法典》记载，在那个时代，人们很早便接受宗教教育，所有的人都在信仰中生活，到了六十岁便能够成为充满智慧的长老。他认为，人们被神所守护，只要人类所创新的文明不骚扰神，那么老人总是安泰的。然而，正像荣格所指出的那样，今天所存在的问题是，因为我们知道得太多了，我们已经失去了古人的宗教心。我们接受了近代文明的恩惠，在今天上知天文下知地理的情况下，我们仍需要探讨如何认识老人的价值。这就是现代人的课题，也是生命周期在今天成为一个很大问题的缘由所在。

我们把话题岔开了一些，回到《犹太法典》的"人生年表"部分。在宗教教育下长大的孩子，从十八岁到二十岁成人，之后形成自己的地位。四十岁则能"理解"，这里指的应该是对自己、对他人及整个世界的理解。所以这时开始有可能给予他人忠告了，六十岁便能成为长老。接下来，非常值得深思的是，"人生年表"里曾提到七十岁"白发苍苍"这样的身体特征。这表现了一种在讨论这个年龄时，不能无视身体变化的观点。"白发苍苍"是老人的象征,这无论从积极的意义,或从消极的意义上来说都是一样的。但值得注意的是,到了八十岁又开始出现一种新生的、"返老还童"的神圣力量。此后,则是静候死的到来。

下面我们介绍希腊诗人、立法家梭伦的学说,他被认为生活在纪元前 7 世纪。他将七十年的人生以七年为单位,分成了十个阶段。

〇—七岁:男儿出生,尚未成熟。脱齿,七岁为孩童换牙期。

七—十四岁:在前一个七年之上,神给加上第二个七年。逐渐可以看到成年男子成熟期的萌芽。

十四—二十一岁:第三期的七年,四肢继续成长,下颚可触摸到柔软的汗毛,双腮上玫瑰红色亦渐渐消退。

二十一—二十八岁:第四期的七年,成为身强力壮的成年男子。表现出真正的本领。

二十八—三十五岁:第五期的七年,处于真正求爱的时期。意识到了儿子与自己血脉相承的关系。

三十五—四十二岁:坚定了自身的道德观,不会胡作非为。

四十二—五十六岁:第七期、第八期的十四年,语言丰富,精力充沛。

　　五十六—六十三岁：第九期的七年，虽然能力尚存，但语言及智力均较此前有所逊色。

　　六十三—七十岁：人的生命末期，终其天年，到了退潮而去之时。

　　梭伦在记述里一开始就明确说明，这是男性的生命周期。实际上，本章所提及生命周期的记述对象皆为男性。莱文森也曾说过"无视女性的生命周期的历史很长"[12]。令人深思的是，即使是对此有所感叹的莱文森本人，在谈到生命周期时，也是首先以男性的生命周期为例的。

　　梭伦明确地将生命周期以七年划分为一个周期。伯纳德·C·J. 李维胡德（Bernard. C. J Lievegoed）在他的著述里，曾以鲁道夫·斯坦纳（Rudolf Steiner）的学说为基础，对人生的发展阶段进行了讨论。他把从新生儿到成人的阶段，以七年为一个周期分成了三个阶段[13]。这一点非常有其特征，也很有意思。虽然，我们不清楚斯坦纳与李维胡德是否了解梭伦的学说，可应该注意到他们之间的共同点。

　　梭伦在记述人一生的轨迹时，像描述日出到日落的过程那样，原原本本地记述了人自然变化的现象。需要注意的是，他把第七、八两期，即四十二岁到五十六岁期间，看成一个人语言最丰富、精力最充沛的全盛期。全盛期过后，精力渐渐衰竭，人则"退潮而去"，这样的描写，表现出了一种"随其自然"的观点。

2. 孔子

在中国,孔子的话家喻户晓,在日本也是人人皆知。在此,我们引用一下《论语·为政》的第四小节。

> 吾十有五而志于学,三十而立,四十而不惑,五十而知天命,六十而耳顺,七十而从心所欲,不逾矩。

孔子是在说自己的体验,我们也可以将其看作对于生命周期的一种理想构图。前文提到的梭伦在对老年人的记述上,所表现的是一个人自然走向衰退的状态,而孔子笔下的七十岁所表现的是,人生旅途上的一种圆满境界。荣格深知探讨东方哲学智慧的必要性,他之所以如此强调人的后半生的意义,与他对东方宗教哲学的了解是极其相关的。值得一提的是,荣格主要的著作皆为七十岁之后所完成,这也反映了他在年老走向圆满的一种事实。

在"三十而立,四十而不惑"这一类似于西方文化中"自我"确立的表现之后,变成了"五十而知天命"。这里的方向变化,能使人体会到东方文化的智慧。对人生后半期的这种人生态度的变化,是七十岁以后能走向完美境界的重要因素。

桑原武夫对孔子的认识非同一般。他曾解释道,虽然"有冒犯之嫌,但还是想加上一些自己的感想"[14]。他说,

"学问和修养对人的成长固然重要,但也不能无视人的生物性这一事实"。他认为"知天命"的意思,也包括对五十岁以后开始衰退这种命运的认识,包含着随其自然的思想。而"耳顺"则也有自己已经"丧失了之前充满了突飞猛进的精神"的意思。另外,他认为"从心所欲,不逾矩"也许确实指的是一种自由自在的至高境界,但同时也包括"失去'节度'那样的思想及行为,在生理上也已是可望而不可即了"的意思。这里仅仅引用了桑原武夫思想的部分段落,为避免误会,需要解释的是,桑原武夫并非对《论语》的评价不高,而是在很高的评价之上,又补充了一些感想。

我们从桑原武夫的意见里想到两点。第一,在面对《论语》或任何东方式的思考时,放空一切的理解方式是非常必要的。如前所述,生命周期思想的出现,是西方思想在接受了东方思想后产生的。可这并不意味着,东方文化比西方文化更完美,有人甚至认为应该干脆放弃西方文化,彻底倒向东方文化,这种做法就不明智了。孔子在中国当时的时代背景下发表的言论令人欣赏。我们今天了解了西方文化,享受着自然科学层出不穷成果的恩惠,仍需要体会和运用孔子的思想。然而,把自己扔回到孔子的年代去的做法,则是完全没有意义的。

第二,孔子的话里确实包括了桑原武夫所提及的生理过程。正因为能置身于自然的生理过程之中,这样的思想才会产生。随着年龄的增加而成长,走向成功和完美的过程,不是在抵抗生理的老化过程中产生的。虽说如此,但若只是向年龄投降,那除了衰老之外则无所获。如前所述,西方的自我是通过壮年男子的形象来表达的,如果固执于这一点上的话,终究不得不走向抗拒自然的生理规律之路。相比之下可以说,正由于孔子置身于自然,才得以终其天年,功德圆满。

日本很多崇尚"儒教道德观"的人对《论语》有所误解。他们以为要经过严格的意志训练,才能到达《论语》中所说的境。但从孔子所描述的生命周期来看,我们甚至可以认为其特征在于,"学问修养"并不是达到人生的理想境界的唯一要素。用桑原武夫的话来说则是,"在人的成长过程中,学问修养固然起着很大作用,但同时也不能无视人是生物这一点"。一个人如果不能充分地领悟到这一点,就达不到一定的高度。

3. 印度教

印度的婆罗门教(印度教)里有一种被称为"四住期"的生命周期论,当地高级种姓的人们视其为人生最理想的生活方式[15]。我们在此简单地介绍一下。这种观点把人生分为四个时期。("四住期"也仅以男性为考虑对象。)

对印度教来说,人生的四个阶段为:学生期(梵行期)、家居期、林栖期以及循世期。

在学生期(梵行期)里,对老师要绝对服从和忠诚。学生要一心一意地倾听老师的教诲,专心学习。这段时间学生要严守禁欲规则,如若跟异性有接触行为,会受到非常严格、复杂的惩罚。

接下来到了家居期,人们便迅速结婚。从学生期到家居期并没有过渡时期,家庭生活必须立即开始。婚姻要从父母之命。从此,携妻、寻职、养家的阶段便开始了。生子很重要,子孙繁衍被认为是"祭祖之香火不断"的根本。在这段时间里,除了打理世俗的日常生活,人们同时在家族中担负着祭祖等活动的义务。到家居期为止的这段时间,可以说正处于人生的前半期。在现代社会的话,生命周期到此便被认为几乎要结束了,可在印度教里,此后还有两个非常重要的阶段。

在第三期的林栖期里,作为一家之长,要抛弃在婚姻生活中所得到的许多东西,其中既包括财产和家庭,也包括之前肩负的一切社会义务。离开人群和社会独居。这就是所谓"为达到那种不可言喻的本质的努力"(16),这也是"为了进入追求真正自己(self)的道路"。可在这个阶段,人们其实并没有完全离开世俗的生活。虽说独居,但有时候也回家,与家人保持着关系。就像学生期(梵行期)是家居期的准备期那样,林栖期也是第四期循世期的准备期。

在最后的循世期,要抛弃自己对这个世界所有的执着。抛弃家庭、财产,成为乞丐,开始流浪者的步行巡礼生活。他们不跟任何土地、任何工作有牵连,"对未来无所虑,对现在无所念"。他们的新生活,就是在"无家的流浪中找回原本的自己,除此之外更无他求"[17]。

以上简单描述了印度教的四住期说。宗教学者山折哲雄对此曾指出,"乍一看,学生—家居期的世俗生活,与林栖—循世期的脱世俗生活,似乎是对立的,其实并非如此"。以下他对林栖期的说明,实可谓真知灼见。那就是,在第三期的林栖期生活中,人们"一方面继续与家庭生活保持联系,另一方面已经渐渐在接近脱俗入圣的生活阶段了","这里的特征是,没有圣俗分离、死和再生那样两分法的思维,所存在的是圣俗的连接,是从一种生命到另一种生命的升华,或者说是一种自然而然地达到超越的思想"[18]。所以,若对那种矛盾心理没有相当的耐力,林栖期是一个很难走出来的时期,是一个"身心成长的难关"。这个思想与我们在第四节要谈到的现代人的中年危机问题,有所重叠。

我们虽然对印度的四住期里所表现的生命周期论的思想有共鸣,可真让我们那么去做的话,事实上几乎是不可能的。然而,细想一下,孔子的生命周期论,以及这个四住期的生活方式,真正可以说是扎根于"自然"了。相比之下,我们现代人,活得要不自然得多,不是吗?因为活得很不自然,所以我们在老和死的问题上,才会深感无奈和被迫。虽说印度的四住期好,可你去了解一下实情的话,便可以看到并没有多少人有幸福感。这说明当代的人们的生活中,存在着某些进退两难之处。

三、自我形成的阶段

对现代人来说,虽然我们的确可以从上一节所提及的古人智慧中得到启发,但不能照搬古人的学说这一点也很重要。例如,虽然我们从印度的四住期一说中学到了东西,可如若真去实行的话,其前提必须是完全忽略人格和自我,但人格和自我对我们现代人来说极为重要。在前一节里,我们谈追求"真正的自己",海因里希·齐默曾非常明确地指出过,对现代人来说,印度教的求索之路,是一条彻底的"无名"和"自己消亡"之路。即使说四住期可以和宇宙的法则画等号,可对现代人来说,非个人的、完全否定自我的生活是完全不可能的。至少,可以说对吸取西方文化持肯定态度的情况下是不可能的。

埃里克森在提出生命周期理论时发现,作为其理论基础的弗洛伊德的发展阶段说,只到青年期就结束了。也就是说,弗洛伊德的这个学说,是不过问人到中年之后的发展的。当埃里克森将生命周期延长至以死为终点时,仍非常强调自我形成的过程。对西方人来说,自我的形成及确立是重中之重。

1. 自我形成的过程

这里我们将要介绍荣格派分析家诺伊曼的学说[19]。先来看一下诺伊曼的学说在生命周期心理学中的位置。正如在本章开头所提及的,就人的发展状态而言,特别是对幼儿的发展状态,发展心理学是通过外部观察及记录的方法来进行的。而弗洛伊德则在对成人精神病者的治疗中发现,了解一个人在婴幼儿期间个人体验的重要性,从而设定了以个人内在体验为基准的发展阶段。这体现了弗洛伊德的独创性。然而,当时令弗洛伊德左右为难的是,为了与时代精神合拍,他感到非常有必要通过"自然科学"的形式来表达自己的想法。也就是说,在说明这种内在体验时,有必要将其与外在的某些事物相关联,通过这个方式来阐述自己的学说。

于是,如众所周知的那样,弗洛伊德设定了性心理的发展阶段,明了了口唇期、肛门期和性器期的存在。弗洛伊德或许认为,找到了这种与生物学上的关联,也应该算是一种"科学"思想吧。相比之下,荣格采取的是只重视人的内在因素的态度。荣格为探求人类的无意识,使用了分析梦及对患者绘画等其他表现活动的关注。他认为正是这些意象表现,才最贴切人的内部世界。他发现这些意象与自古以来的神话传说有很强的可比性,并进一步探讨了其中所揭示的人类普遍的心性。

诺伊曼依照荣格的思想,重点讨论了西方近代人自我形成的过程,认为西方近代人自我形成的过程,是通过人类所经历的原型意象来表述的。诺伊曼学说的特征在于,通过原型意象表现来论述人内心深处的某些体验,以及对西方近代所确立的自我发展阶段进行论述。这些也可以理解为是分阶段来叙述的。但我们必须注意到,即便已经是成年人了,在心灵深处,仍有可能存在着各种原型意象。这与通过观察外部行动来设定的发展阶段大相径庭。(本节在最后的部分还会讨论这个问题。)下边我们简单勾画一下诺伊曼的学说。

乌洛波洛斯

正如许多创世神话都是从混沌状态开始的那样,意识和无意识最初处于一种不可分离的混沌状态。古代乌洛波洛斯神话象征性地表现了这种状态。乌洛波洛斯神话,是一个咬着自己尾巴的圆形蛇的表象。这是一个具有世界普遍意义的神话,在古代巴比伦、美索不达米亚、诺斯替主义、非洲、印度、墨西哥和中国都有类似的神话出现。这个象征图像是一个头尾相抱、合二为一、上下不分的圆环,是一个从根本上表现无意识的极为恰当的象征。这是一种自、他完全未分的状态,用弗洛伊德派的语言来说,是一种自爱状态。

太母

当自我在乌洛波洛斯首尾未分的整体里刚萌芽时,世界便以太母的形象出现了。太母的形象,在全世界的神话传说里都占重要地位。太母是一个包罗万象的存在,是万物生长之源。生命发育,成长,死后又回归于此。在自我的萌芽阶段,太母对于刚萌生且仍十分软弱的自我来说,既具有养育、保护等积极的一面,又具有将其吞噬,或将其送回乌洛波洛斯状态的否定的一面,太母具有极端的两面性。

用弗洛伊德派的理论来说,这个阶段应该相当于人发展阶段的口唇期。一方面,孩子被母亲抱着,接受抚育,生命得以持续。在这里有近乎绝对的安心感。然而,另一方面,随着不断成长,孩子将要走出襁褓时,却仍被紧抱着,便由此而产生了永远走不出去的强烈恐惧。在很多神话及民间故事中,太母都具有这种集肯定与否定于一身的形象。在日本神话故事里,慈母观音应属于前者的例子,吞噬了牛及马车的山姥等应属于后者的例子。鬼子母神最初捉拿并吞吃孩子,后来在释迦神的教诲下,变成了孩子的守护神诃梨帝母。这也是太母两面性的一个例子。

天地的分离

在创世神话里,有很多关于天地如何从一体到分离状态的故事。天地常常代表最初的父母,或者是这个世界的创世父母。在太母里成长的自我,在这个阶段体验着父母、天地、光明和黑暗等等的分离。对于神话世界来说,在这个阶段第一次出现了黑暗里露出光明的故事。也就是说,人的意识渐渐明了化了。通过分离、区分来把握事物便形成了意识。

随着分离和区分,人们对事物有了更明确的认识,同时事物的全体性也遭到了破坏。所以,在意识被确立的背后,接踵而来的是痛苦及罪恶感。这里存在着“失乐园”的主题。用弗洛伊德派的语言来说,这个时期应该是肛门期和性器期。

在这个阶段之后,便迎来了人的心灵发展上划时代的变化。这个新时期与之前各个时期相比较,具有本质上的变化。用神话来表示即是英雄神话。

英雄的诞生

意识从无意识中分离出来,获得了独立性。如将其人格化,则是英雄诞生这一神话形象。而神话中的英雄,最开始总是屡屡作为神灵的孩子出世,以此表现它绝非一般。这也反映出,一个人的自立和自我的形成,多么具有划时代性,又多么艰难曲折。之后,这样诞生出的这位英雄,常常会和某种怪物斗争后取得大胜。之后英雄会救出一个被这个怪物所俘虏的,或者是本来要牺牲在怪物手上的女性。故事的结局往往是英雄与这位女子结婚。这样的故事,反映了人在自我确立中的哪一个阶段呢?

追杀怪物

有不少英雄追杀龙等怪物的故事。诺伊曼认为这类故事可以被解释为,自我与作为自我的原型意象的父母之间的斗争。弗洛伊德派把它看成父子的敌对关系,也就是把重点放在俄狄浦斯情结(弑父娶母)上。荣格派则并不将其解释为父子之间的个人关系,而认为是在自我的确立过程中,自我在与无意识作斗争。这个故事表现了在自我的形成过程中,自我与自身内所潜在的原型意象的对决。

自我在自立性得到确立的过程中,将想把自我吞噬的无意识看成太母。所以,这意味着,杀了太母才能达到自我独立性的确立。这是非常有象征性的弑母情结。

急于自立的年轻人,在不具备足够强大的能力以达到自我独立的情况下,深藏内心的象征性弑母情结,也会意外地付诸行动,实际犯下弑母之罪。最近日本就有这样的现象。

追杀怪物,也包含弑父的意思。父亲是文化和社会规范的中坚,其背后存在着太母的原型。所有的人都出自母胎,所以所有的个人和文化都不能无视太母文化的存在。太母被强调的程度因人而异,或因文化的不同而有所不同。自我为了获得独立性,弑母是必须的,之后的弑父却并非如此。从文化和社会的规范里得到自立、找到自由是一项很大的工程。即使一个人真的具有大智大勇,也有可能最终冒险犯难,遂行弑父。

获得女性

追杀怪物、救助被怪物抓住的女性并与其结婚,这含有什么意义呢?这意味着,经过弑母和弑父的过程,离开了旧世界而获得独立性的自我,通过一个女性为媒介来与世界建立新关系。这不是乌洛波洛斯式的未分化的合一,而是新确立的自我与他者所结成的新关系。在这个阶段,曾经作为吞噬自我的象征的女性的存在,被认为是引导自我、作为自我和外界之间的中介者,是一种进行援助的存在。

以上是诺伊曼学说的一个概略。他认为,通过这样的发展阶段所渐渐形成的自我,是西方自我的一个特点。他提出,西方的自我有男女共通的特点。西方女性的自我,也是通过男性的英雄形象来表示的。诺伊曼所提出的这个思想非常重要。然而,日本人是相当近代化的,从表面上来看,诺伊曼学说对日本也是适用的。可若深加考虑,对日本人来说问题其实并非如此简单。我们以后还将继续讨论这个问题。

2. 自我、自性、人格

对荣格派的人来说,虽然在经过了前述过程后确立了自我,但也不能算是完成了人生的目标。荣格派认为,自我的确立是人生前半期的工作,人生后半期的工作将在这个基础上展开。下面我们介绍一下荣格的自性(self, selbst)思想及相关叙述,并以其为准,来统筹考虑西方的自我确立的阶段,论述东方人对人生阶段的思考,以及下一节我们要说明的人生后半期的问题。

为了确立自我,自然需要有一定的完整性。如果内部存在较大的矛盾的话,那自立的功能就会消失。然而,一味地强调自我的无矛盾性,则势必出现片面性。也就是说,这种片面性,是排除了与自我相矛盾的那些方面所造成的。如果排除得太极端化的话,从自我里被排除的这些精神方面的内容,集中起来则会形成一种人格。其结果是,表现出双重人格的症状。19世纪后半期到20世纪初,很多具有双重人格症状的案例被发现并发表。荣格的卓越之处在于,他从一开始就不将这种现象仅仅视为一个病理现象,而是由现象出发,致力寻找其在目的论上的意义。他在 1902 年发表的博士论文中指出,双重人格的现象,是对片面强调自我的一种补偿,是人在追求心灵全体化过程中产生的。一个人的心灵全体的作用是超过自我的。

　　荣格的这种想法在日后得到了充分发展,并吸收了东方的思想。相对于以自我作为意识全体的中心,荣格假定以自性作为人的心灵全体的中心存在。他主张,这个自性存在才应该是一个人的心灵全体的中心。此处心灵的全体指的是包括意识和无意识的全体。仅从定义上来看也很清楚,自性是不可能有意识地被把握的,所以它最多只能以一个假定的形式存在。荣格认为,从人的心灵活动总是在朝着更高的全体性变化的过程来看,对自性这一操纵着整个活动中心的存在来说,这个假定是必不可少的。

　　荣格说:"自性是心灵的全体,同时又是这个心灵全体的中心。自性与自我不同。恰似大圆包括小圆,自我被包容在自性里。"[20](图 1 - 1)

　　在阐明了自我和自性的定义后,荣格认为,人生的前半期首先要确定自我,而对在自我确定过程中出现的片面性,无意识里的心灵活动会对其产生某种意义上的平衡补

图 1 - 1　自我与自性

偿活动,这种无意识的心灵活动,在自性的作用下输送给自我,而自我会对此产生对决反应。这个对决反应的努力过程,便是个性化(individuation)形成的过程,也可以看成实现自性的过程。这是人生后半期的工作。

荣格的这种想法,在那些被束缚在自然科学框架里的人看来,完全是无稽之谈。他们一定会强烈反对提出自性这样原本是否存在都不能确定的概念。而且,从每天的世俗生活为出发点来考虑,普通人对荣格所说的"实现自性"等是不能理解的。他们会认为,荣格所说的人生后半期的工作是完全没有意义的。对他们来说,整个人生最重要的,在于弗洛伊德所说的"名誉、权利、名声,还有女性的爱"。如果觉得这些说法太过于利己主义的话,换一些漂亮的话也没问题,如世界和平或者是安乐的家园都可以,他们在乎的是用肉眼可以看得到的"实际存在的生活"。对他们来说,荣格的"实现自性"完全是一句废话而已。

这些不同的看法的区别在于,用荣格的话来解释,也许是在自我和自性之中,你把哪个搁在更重要的位置。如果把重点放在自我这边,就会觉得荣格的思想是毫无意义的。值得一提的是,如果把埃里克森提出的同一性的概念,看成自我和自性之间的桥梁的话,结果就很耐人寻味了。同一性虽然有单一性、连续性、不变性等含义,但这是一个很不明确的用语,其中也包括"走自己的路""个性""真实自我"

这些意思。荣格的自性这个概念很暧昧,埃里克森的同一性也一样。其实,他们本人对这一点都很清楚,正是用这种暧昧的概念,才能更好地把握人的心灵世界。埃里克森的同一性概念,存在于荣格所说的"自我"和"自性"这条线轴上,由于使用此概念时着重点的不同,有时更接近前者,有时更接近后者。

在考虑同一性时,如果把重心放在自我这边,同一性的确立就会离自我近一些。这个人选择了什么样的工作,找到了怎样的配偶建立了家庭,从事着怎样的文化活动等,都是重要因素。如果在考虑同一性时,其重心更接近荣格所说的自性这边的话,那这个人自己对自己真正的自性到底有多少认识,他在确立自我时是如何把握象征因素的,这些更会被置于问题的中心。因此,我们便了解到,在考虑生命周期的问题时,由于对同一性理解的不同,它所强调的重心也会有所不同。当然,至于人生后半期的工作,也不会只限于荣格所说的那种可能。

荣格用示意图表示自我和自性时,在强调个人的心灵全体性时,其示意图便形成图 1－1 那样的情况。可当我们的心无限延伸时,自性也进入了一种无限深奥的情景,这时就可能出现一个超越个人的、万人共通的中心。也就是说,这时所有的人共同拥有一个非个人的、普遍的自性,这便是世界的中心。这应该是可能存在的。此时,在这个以普遍的自性为中心的圆周上,许多个人的自我被表现成无数个点,如图1-2。前面所介绍的印度教,表现的不就是这种情景吗?

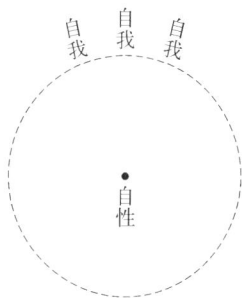

图1-2 自我与自性

按照这个思路来理解的话,我们发现重要的一点在于,这若不是自我确立,岂不是自我消灭吗?

这么想的话,就很容易理解印度的"四住期"说了。这种情况是过于重视了普遍的自性,而完全轻视了具有个性的自我的价值。他们其实也不是从最初开始,就有那个消灭自我的意图。在人生的前半期,他们在一定程度上还是把自我强化作为目标的,但其最终目的,则在于之后的自我消灭。所以这与西方意义上的个性或个人的自我的确立,并不是同一个问题。

我们现代人,是不可能放弃对个性的追求的。古代印度教虽然给我们很多启示,但我们却不可能去模仿。所以荣格认为,我们在首先确立自我的情况下,只有通过跟自性对决这个相互作用的过程,才能实现具有个性的自性。

我们在考虑生命周期的问题上,有必要对究竟是从自我出发还是从自性出发这一点,作出明确判断。否则,只会节外生枝,徒费口舌。结论是,我们必须两者兼顾。

四、成人的发展心理学

如前所述,以前的发展心理学是到青年期为止的。这是由于之前这个领域的主导看法认为，青年期以后，从客观上能被定量的指标上看，已经没有更多的发展了，或者可以说，到了成人则说明成长已经完成。可最近在美国，出现了"成人发展心理学"的呼声。约翰·拉斐尔·施陶德曾在其著作《心理危机及成人心理学》[21]中，简单地描述了成人发展心理学出现的来龙去脉。其中极高地评价了我们后边将要具体提到的、莱文森等主导的耶鲁大学研究小组的研究。这个研究作为心理学今后的发展方向，应该得到极大的重视。它也是成人发展心理学得以形成的一个契机。下边我们来讨论中年危机的现象。

1. 中年危机

之前在人生道路上一帆风顺，到了中年却突然危机大作，这样的事情自古以来就很常见。在日本民间，有女人三十三岁、男人四十二岁是厄年的说法，这也算是经验之谈吧。

荣格关于中年危机曾举过一个很典型的例子[22]：这是一个工人在经历了多年辛劳后，有了自己的企业后发生的事情。一个印刷工，经过了二十年的努力，终于自己开始经营规模很大的印刷厂了。他在工作上一直是埋头苦干的，有一天突然想起小时候画图的爱好。这个能力原本同他的事业毫无关系，只属于幼儿时的一种欲求。如果只把它当作兴趣的话，其实也不会出问题。可他一贯太热衷于工作，自己的愿望始终处于被压抑的状态，这样便出了差错。

他开始幻想把自己印刷厂的产品,制成艺术品。为实现这个幻想,他开始将印刷品与自己儿时不成熟的兴趣结合起来了。结果他的事业在几年内便遭败落。过去,他所有的精力都用在外在的扩大事业上了。人到中年事业取得成功时,注意力向内部世界逆转。他此时的精神世界,完全被以前所抑制住的儿时绘画和图案占领了。这时如果他意识到这终究是个人内部的问题,而将其引向有意义的方向的话,事情会顺利很多。可他却把本来属于内部世界的东西,简单地与外部世界的相混同。他出现了一种错觉,认为对自己有意义的东西,对外部的他人也均有意义。公私混合,结果遭到了失败。

这虽然只是中年危机的一个例子,可似乎在很多情况下,当一个人在达到了某种目标的时候,就比较容易碰到这样的危机。在升了职、家里盖了房,或孩子高考成功这样令人欢天喜地的时候,灾难常常会出现。如以上例子所见,有些危机是与外部事物联系在一起的。可是,如果人处于抑郁状态的话,危机也会发生。很多情况下,本人并没有意识到自己内心的问题,总被抑郁困扰。这种状态更强烈的话,也有可能导致自杀。他们会在意识到了危机问题的缘由,并在与其对决之前,因忍受不了那种痛苦而选择死亡。

根据日本警察局昭和五十七年(1982 年)发表的《自杀白皮书》所知,对男性来说,四十多岁自杀的人数最多(图1-3)。二十多岁男性自杀者有 1 974 人,而四十多岁的自杀者人数为 3 145 人,大大超过前者。我们不得不说,这与过去(战争年代除外)的日本青年自杀多的情况相比较,有了相当的变化。《自杀白皮书》指出,这种自杀事态恶化的重要原因是经济萧条。我们必须避免得出这种从统计数据而来的简单结论。然而,中年男子自杀多的现象,却实在值得引起注意。

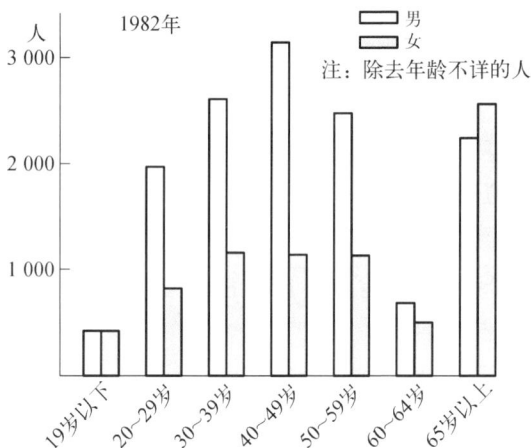

图 1-3　各个年龄段自杀人数[日本警察厅:
《自杀白皮书》(昭和五十七年版)]

目前在世界范围内,人们都日益意识到了中年危机的问题。值得注意的是,这种意识是成人发展心理学出现的一个台阶。现在可以明确地说,一个人的中年危机及对它的克服,可促成其日后在人生道路上的又一次新发展。实际上,弗洛伊德和荣格本人都体验过强烈的中年危机。荣格三十八岁时,经历了类似精神分裂症那样的骇人体验,详细情况可参照荣格的自传。荣格所经历的那些中年危机的体验,成了他日后创造的源泉。

埃伦伯格(Henri Frédéric Ellenberger)注意到了两者之间的关系,并开始使用"创造之病"这一表现[23]。换言之,这些伟人们在中年所遭遇到的病痛,日后却成为他们创造的重要的基石。艾蒂安·雅克(Étienne Jacques)在这个研究的基础上,做了关于中年的研究。他分析了各个时代、各个国家的数百位艺术家的生平后,下结论说所有的艺术家都经历了人到中年的危机[24]。雅克指出,这些艺术家在中年期间,意识到自己未来会死这一事实,开始正视自己身体内部所出现的、使生命力越来越弱的那些负面因素。在经过了一段貌似碌碌无为的阶段之后,却能开始发挥出比之前更高层次的创造性。

这里只说了一些艺术家的例子,虽然我们不可能像艺术家那样创造出艺术作品,可是生活本身,可以被看成每个人自己的作品。从这个意义上说,所有的人都是艺术家。所以,对所有的人来说,都有"创造之病"的可能性,这个病不一定只限于心灵疾病。就像人生会出现失败和事故那样,如何将这个失败视为走向创造的台阶,可以说已经成为如何实现一个人的自性的课题。

2. 耶鲁大学研究小组的研究

我们在前面曾几次提及这个话题,这里来介绍耶鲁大学以莱文森为主的研究。莱文森在思考"大人是怎么回事"时，产生了一个疑问。那就是，在长大成人后，人们的生活是否也像儿童期和青年期那样，仍依一定的顺序继续发展的问题。为了回答这个问题，研究小组 1966 年左右制定了一个研究计划，这项调查研究活动持续到 1973 年。这个研究小组的研究有几个特点：首先，提出了过去从未被注意的中年问题。其次，研究小组实行了心理学、社会学、精神医学等跨学科的研究，同时注意开展与在理论上持有各种不同意见的研究者的合作研究。最终他们实行了以个人为研究对象的调查，重视通过与每个个人的单独会面进行调查。

最后的这个特点是与过去有所不同的。过去的调查研究所采用的最普遍的方法，是给众多的人寄送问卷，收回结果后进行统计及研究。这种调查方法的技术已经明确过关，而且对于一般的调查来说，使用起来很方便有效，这一点也已得到广泛认可。大家都认为这个方法在做普遍倾向性调查时确实很有效。相比较来说，莱文森他们所采取的研究方法，是对个人实行脚踏实地的跟踪研究，是在仔细探讨某个个人的生活历史的同时，加以仔细探讨的调查方法。他把这个方法叫作"传记采访法"（biographical interviewing），课题是"整理出被调查者的个人史"，要做到"采访者和被采访者协力合作，亲身参与"[25]。换言之，过去的调查研究的方法，难免会造成结果来自调查者主观判断的情况。与其说，在调查的时候，我们有必要尽最大努力做到"客观地"调查,其实还不如说,调查者要积极地参与。为什么呢? 因为如果没有调查者的积极参与,就不可能顺利整理出"个人史",为了解被调查者的主观世界,调查者是不能局限于只做一个冷漠旁观者的。

他们使用这样的调查方法,选了4个职业,每个职业10人,以40个人为对象,进行了彻底的调查研究。莱文森的研究小组瞄准了中年期这个焦点,同时也适当地作了一些中年期前后的扩展,摸索到了人大体的生命周期。他提出"荣格才是今天成人发展研究领域的鼻祖"(26),明确了荣格学说在中年研究方面举足轻重的作用。莱文森通过这样跨学科的研究明确指出,无论个人的人生道路如何,大家所走过的阶段大致是相同的。他把整个人生轨迹分成以下四个阶段:

(1)儿童期和青年期:〇—二十二岁
(2)成人前期:十七—四十五岁
(3)中年期(成人中期):四十岁—六十五岁
(4)老年期(成人后期):六十岁以后

他为自己的著作起名为《人生的四季》(The Seasons of a Man's life),让人感觉到,在人的一生里可以看到四季的变化。

莱文森粗线条地设定了阶段,然后对每个阶段作了非

常详细的研究和解说。如图1-4所示,他把成人期从前期
到中期的部分又划分成了几个部分。其特征是,在进入每
个时期以前,都设有一个过渡时期。他认为人生中间的这
几个过渡期,是"连接成人前期和中年期之间的桥梁,也是
人生走向新的发展阶段,去面对新的人生课题的一座桥梁。
进入了这个时期后,人们会开始对以前的生活构造重新产
生疑问"[27],对自己过去的人生道路进行反省,而对现在的
生活进行调整和改善。

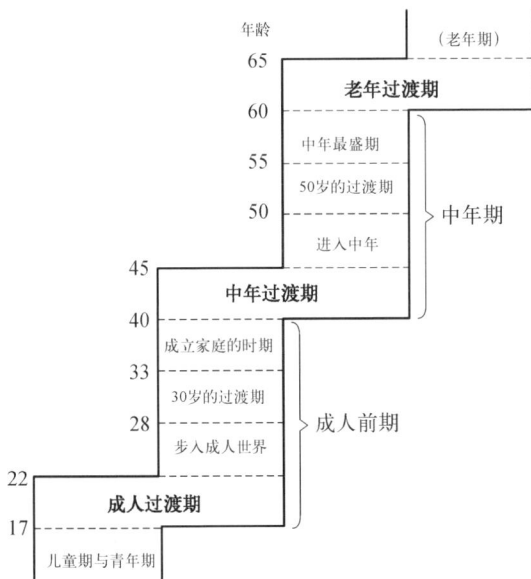

图1-4　成人前期及中年期的发展阶段
（莱文森:《人生的四季》）

莱文森著作的一个特征是,通过论述一个个具体的研究个案,对所设定的各个阶段进行生动说明。要真正了解这一点,还需要读其原著。接下来,我们讨论对中年问题的关注日益提高,及成人发展心理学出现的背景。

3. 人生后半期的课题

正如我们前面也有所提及,现在更多的人开始关心生命周期,特别是成人发展心理学的问题。可以说,这是由于平均寿命的增加,以及人们在物质上比从前更有条件享受及得到满足所致。由于经济上突飞猛进的发展,更多的人在过上了小康生活、寿命加长的情况下,便开始考虑,自己的生活目标究竟是什么这个问题。像以前那种为养家糊口拼死拼活地工作,筋疲力尽后退场谢幕的情况,比过去大大减少。

就现在日本的妇女来说,情况比较复杂。日本以前的女性观认为,妇女的美德便是服从,并认为这是至善至美的。然而,最近在欧美文化的影响下,出现了确立自我的动向。许多中年妇女(或是老年妇女),对西方人考虑的人生前半期所追求的生活课题颇有兴趣,表示出同样的愿望,并开始努力争取。

从对中老年女性梦境分析的报告中得知,研究人员发现她们的梦境中同时出现了晨阳和落日两个太阳。这样的情况出现过两三次,使人印象极深。这些梦境表明,人生轨迹上出现了同时上升和下降的、相互矛盾着的不稳定状况。

这是一种较严峻的状态。如果通过这样的梦,能把握住自己所处的困难状态,使其得以控制也是件好事。但如果中年过后,仍一厢情愿地执着于旭日初升般的活力的话,那迟早会进入毁灭性状态。

实现自己的价值,这种说法在今天已广为人知。总的来说,它给人的印象是完全正面向上的。可这句话容易被简单理解为,自己做自己想做的事,挖掘出自己的潜力。没错,实现自己的价值,就是做自己想做的事,挖掘出自己的潜力。可在这个过程中,有两点被忽视了。那就是,得花多少力气去与负面因素对决,另外,它与日常生活中的价值观完全不相干。而另一种情况则是,一些人在无意识中察觉到下半期的重要性,却又总觉得缺少了什么。他们并不清楚这意味着什么,却仍糊里糊涂,一味地努力追求日常生活中的价值。结果,往往是徒增烦恼,愁上加愁。

将人生的前半期和后半期分开考虑的话,比较容易理解。可现实——特别是今天的世俗社会——跟书本上说的并不是一回事。荣格派的分析家约瑟夫·L.亨德森(Joseph. L. Henderson)说:“荣格断言,所有的人在人生的后半期到来之前,不应该去探讨‘个性化’的问题,而且这也是不可能的。然而,我在按心理学的方法分析典型例子的过程中,也时常会对荣格的这个断言产生疑惑。”[28]具体来说,现在的很多年轻人,把荣格所说的人生的前半期和后半期的两副担子,同时压到了肩上。在这里可以看到今天年轻人所遇到的一个极大的苦恼。一个年轻人，如果只面对人生前半期的问题则罢，可其中一些人，会突然隐约意识到人生后半期的课题。其实他们还完全没有能力，去明确把握和处理这些问题。处于这种状态时，这个青年很难集中精力去做某一件事。还有一种可能则是，因为不能像别人那样评估自己人生前半期的工作，他们会不可自拔地进入一种无精打采的状态。最近，经常成为话题的"无精打采的学生"问题的背后，其实是存在着这种状况的。

关于人生后半期的另一个话题，是否可以说就是完成自己的宇宙观（cosmology）的问题呢？所谓自己的宇宙观就是投身于世界，创造出一个包括世界和自己在内的完整形象。不是将世界作为与己无关的客体，而是要在自己和世界的紧密关联中，找到一个包括自己和世界的整体。

在自己的宇宙论观的完成过程中，比较麻烦的是如何摆好丑恶的位置。凡是有一点反思的人，总能意识到自己的内部所存在着的丑恶。如果割去这个丑恶的部分，那我们所得到的宇宙观，就不是一个完整的自己的宇宙观。自己的宇宙观里如果不包括世界上的所有存在的话，那就不成为宇宙观。像追杀怪物神话所表现的那样，确立自我从某种意义上可以说是跟邪恶作斗争的过程。对自我而言，凡是危及自我的整体性和主观性的存在都是丑恶的。自我是在战胜了这些丑恶后确立的。接下来我们要做的努力是，把我们以前找到的属于丑恶的存在，纳入我们的宇宙观里来。英雄如获至宝地得到了女性,事实上女性原本是被怪物捉捕到的,这一事实也暗示了女性与怪物之间的"私情"。对英雄来说,跟女性结婚其实等于摄取了一部分丑恶的存在,或者说开始了一个跟丑恶相处的课题。

埃里克森很重视意识形态形成过程中每个个人的作用。这或许是因为,作为一个研究自我的心理学者,埃里克森的立场更偏重于自我。荣格讨论从自我到自性的深化时,期待的是从意识形态到宇宙观的转换。意识形态曾被用作自我正当性的一种武器。所以如果意识形态没得到确立的话,自我也无法得到确立。(在这里要注意,埃里克森所说的意识形态,比一般人所理解的更重视无意识的因素。)然而,实现自我的想法,特别是同时考虑人生的后半期时,单考虑自我的确立是不够的。这个时候所需要的是,通过吸收丑恶与死的因素而形成一个完整的宇宙观。

对意识形态来说,它可以借用现在的存在。比如,将父亲或母亲妖魔化,从而凸显出自身的正确。而适用于此的意识形态,俯拾即是。可现在青年的悲剧是,他们很快就可以意识到既存意识形态的片面性。在现在的年轻人中,那些依赖某些意识形态来主张自己的正当性的人,大多不够成熟。其他的年轻人则是对意识形态的片面性过于关注了。但是,他们多数人似乎并没有意识到,自己正面临着宇宙观的问题。他们并不知道问题所在,却不可自拔地处于一种萎靡不振、有气无力的状态中。或者他们对以意识形态为武器来追杀怪物产生了绝望的感觉,而只顾一股脑地要争取钻到现存的制度中去。

自己的宇宙观的形成要求把自身投入进去,所以本人在某种形式上的参与和表现是必需的。如果只局限于观念上的努力,那么自己的宇宙观是无法成立的。最近有些年轻人常常说:"无论如何要试一下。"我们从这个角度看问题的话,对这种类型的年轻人的存在会比较容易理解。如果只是要试一下,可是却对内在的课题无所了解,那也只能到"试一下"为止了。这对本人来说,不会产生什么有意义的效果。如若此事只是基于意识形态,且属于合理行为范围内的话,那对社会也无大害。

也可以说,现在的年轻人是处在这么一种困境里。一方面,他们放弃了通过意识形态进行反抗,不顾一切地忙于对现有知识的吸收。他们不再像过去那样提出异议。或者也可以理解为,这是年轻的新手们,针对那些认定年轻人天生就具有反抗意识的成年人的,是一种新的表达异议的方式。这么考虑的话,实际上青年确立自我意识的危机已经消失,中年宇宙观探索的危机却在扩大。生命周期里最大的危机,就目前来说应该是中年危机。中年男性自杀增多的现象,也印证了这一点。

五、过渡礼仪

生命周期的思想,意味着人的一生可以被分成几个阶段。前文介绍了生命周期的几种分法,无论哪一种都表明,从一个阶段到另一个阶段之间都有节点的存在。人要走完自己的生命周期,就得度过几个重要的节点。所以,过渡礼仪格外重要。

1. 过渡礼仪的丧失

在原始社会,过渡礼仪是一个人从一个阶段进入另一个阶段前,需要进行的仪式。宗教学者埃利亚代,曾从宗教史的角度将过渡礼仪分成以下三种类型[29]:

(1)从孩童到成年人的仪式,即成人仪式、加入部族的仪式等。这是特定社会里的全体成员要履行的一种义务,是一种集体仪式。

(2)参加特定的秘密社团及同盟集团进行的仪式。

(3)神的呼唤仪式。这是成为巫医或巫师时所需要进行的仪式。

埃利亚代曾说,这样的过渡礼仪"表现为一个礼仪及口头说教,其目的是从根本上改变参加者的宗教及社会地位。从哲学意义上说,过渡礼仪等同于现存条件的彻底变革"[30]。也就是说,通过过渡礼仪,一个人得以完全变成"另一个人"。

然而,近代社会的特征之一,是这种深层意义上的过渡礼仪的消失。其消失的理由在于,我们和传统社会的人们,是在不同的世界观下生活的。对此,埃利亚代认为"近代人在观察了先辈们的生活后,漠然地相信,自己能够全部地继承和完成他们的生活技巧和本领"。埃利亚代还说"跟传统社会相比,近代人所持有的崭新的一面恰恰是,决心把自己看成世俗社会历史的一部分,要在绝对非神圣化的世俗社会生存下去"[31]。话说得更直接一些,因为近代人相信社会在进步,以及进步的价值。所以认为加入这个固有的传统世界,应该是不需要实行特别的礼仪的。

近代人虽然就这么抛弃了作为社会礼仪的过渡礼仪,可是在近代人的无意识里,过渡礼仪的原型还存在着,而且在今天仍然发挥着作用。对于这一点荣格曾说:"在我们的无意识的内容里,事实上仍会切切实实而且非常鲜明地出现过渡礼仪的完整的象征。其实在这里,重要的并不在于过渡礼仪的象征性是否符合客观事实,重要的在于,这些无意识的内容,是否能与实际上实行过渡礼仪相匹敌这一点。此外这个内容是否能对人的心灵发生影响,这一点必须十分强调。还有,这个无意识的内容,是否能受欢迎并不重要,这样的内容存在着,而且还起作用,仅这一点就足够了。"[32]

实际上也正如荣格所说,他分析现代人的梦时,从中发现了过渡礼仪的原型模式,这一点对当事人来说意义重大。约瑟夫·L.亨德森在他的书中曾列举过许多这样的例子。

我们在下一个问题里会具体介绍。在此,我们先着重了解一下他所说的"错过了过渡礼仪的人"的问题。具体地说,在近代社会,由于过渡礼仪的消失,比如在孩子进入成年人时,并没有一个指定日期的集体成人式,所以每个个人就得分别自己来进行过渡礼仪的体验。问题是,这种做法并不是对每个人都有效。

比如一个大学生,很聪明也很有能力,可总是强烈地感觉自己的能力发挥不出来。他每天在宿舍里闲荡,却不去上课。朋友们想了各种办法把他拉出来,他不去,也说不出什么可信的理由。可有一天,他会突然赞成参加某项活动,并开始行动。他言辞犀利,并且有行动力。可在与别人论理时,他却总是表现得很片面,让人感觉他有一种着了魔似的狂热和脆弱,令人担忧。然后不久他的热情便冷却。他有时会因为做得太过分而失败的话,便会立即失去热情,退回到本来那种无所事事的状态。之后,大家又开始为他担心,这个时候他又开始有了新的想法,又变得热情洋溢,热衷于另一个行动了。他就这样反反复复,可总是一事无成。这就是一种行动模式。

荣格派的分析家们认为,这种行动的背后,存在着"永远的少年"的原型的作用。"永远的少年"指的是希腊神话中,埃莱夫西斯地方秘密仪式里的少年神伊阿科斯。埃莱夫西斯地方秘密仪式里的秘密,源于得墨忒耳太母神和她的女儿泊瑟芬的神话故事。这是一个关于死和再生的秘密仪式,指的是一个用谷物比喻成大地母亲的母胎,依照冬天干枯死去,春天发芽再生的现象所产生的神话。"永远的少年"伊阿科斯,即反复不断地死和再生的谷物形象的显现。从这个意义上来说,"永远的少年"是永远长不大的。

这个"永远的少年"的原型,存在于每个人的无意识深层里。如果这个原型的存在,处于积极的活动状态,可以给人带来创造力,可如果它与自我这个原型处于重叠状态,则会如前例所示,形成"永远的少年"的生活态度。

2. 现代人和过渡礼仪

现代人失去了集团的过渡礼仪。每个个人要自己去体验过渡礼仪,这多会出现在梦里。我们在分析梦的时候,应该充分注意。荣格在分析过渡礼仪方面的梦时,曾举过一个同性恋者的梦境的例子[33]。

我在一个很大的哥特式的教堂里边,祭坛旁站着一个牧师。我和朋友都站在牧师前边,我们手里拿着日本制的小象牙像。感觉上好像是这个小象牙像要接受洗礼一样。这时候突然出现了一个老妇人,她将朋友手上戴着的大学学生会的戒指拿下来,套在了自己的手指上。这时候,朋友突然有了一种,似乎将要被什么来缚住了的不安感。不可思议的是,正在这个时候管风琴响起来了。

　　荣格认为,做这个梦的患者,梦到了参加获得男性的性的过渡礼仪的情景。在哥特式大教堂里,跟牧师在一起的情形,也符合举行仪式的条件。但也难肯定这就是基督教相关的情景。这位患者从手中的象牙像联想到了男性的性器,象牙像接受洗礼,则让人想到犹太教里的割礼。在很多与过渡礼仪有关的梦里,常常会出现异教因素或古代的风俗余韵,这一点实在是耐人寻味。这个梦里的朋友,是患者的同性恋人。他的戒指被摘下来,然后戴进年长的妇女的手指上的情景,明确表示了患者的人际关系的改变。这是从同性恋关系,转向异性恋关系的一个非常明确的仪式。患者说梦里的这位妇女是他母亲的朋友,是个像母亲那样的人。这一点说明,他的异性恋关系尚未成熟。虽然这是与类似母亲的女性之间的关系,却可以肯定,算是改变同性恋而走出的第一步。宁德森也曾指出,在过渡礼仪的初级阶段,会产生这种"回归母亲"的情景。

　　对过渡礼仪进行过许多研究的埃利亚代曾报告说,从过渡礼仪中可以看到一种象征着"死和再生"的过程。所以,人们确信梦里会出现死和再生的过程。实际上,在过渡礼仪的原型起作用的时候,死的原型也常常被认为会发生作用。做梦的时候,能够象征性地体验到当然很好,如果没有这个机会的话,特别是人在需要过渡礼仪的时期,会随之出现死的危险。对于这一点,临床心理学者必须要特别当心。比如说,长期患有严重精神病的病人,在这个症状消失时,就会产生自杀的情况。当病人的症状消失,治疗者和家属为之感到欣慰时,患者却陷入与过渡礼仪相关的死的体验中,由于未得到充分的升华而遭遇死亡。

所谓的"犯罪少年"的所作所为,如飙车、打群架等背后,存在着过渡礼仪的原型。他们无意识地感觉到了进行从孩童到成人过渡礼仪的必要,虽然他们渴望实行过渡礼仪,却找不到任何来自周围社会的帮助。总之,他们处于一种死的原型,并任其发生作用的狂热中。结果,本来应该有着一定社会高度的过渡礼仪,却一落千丈地成了一个事故或不良事件。可是在处理犯罪少年时,如果人们对上面的知识有所了解的话,就不单单会看到事件的负面作用,而且会发现通过这些事件来进行过渡礼仪也是可能的。

以前从孩童到成人要实行过渡礼仪是理所当然的,而前面所提到,在进入人生后半期的转折点上,也存在过渡礼仪。某个一流公司的中年干部,曾做过这样的梦:

> 我在一个公司(不是自己的公司)的入职考试中合格了。父亲跟我一起去参加入社仪式,那是一个晚上。到了公司跟父亲告别时,我想到第二轮考试就要开始了,便失去了自信,感到十分不安。

这个梦表现了这么一种状态:本来已经是一流公司的干部的人,却要到别的公司去入职,而且还要担心第二轮考试是否合格。人到中年,他却离开了他已经十分熟悉的世界,要在漆黑的夜晚,去一个陌生的地方。他与父亲的分离,意味着他要离开那个本来在社会规范和思考方式上都已经很熟悉了的地方,而要去一个完全依赖不上这些条件的地方。他当然会丧失信心,倍感不安。

人生后半期的过渡礼仪,由什么事故或事件所引起都是可能的。而且我们不能忘记的是,原本在传统社会团体一起进行的仪式,现在却是个人单独负责,所以会使个人产生强烈的孤独感。无论如何,因为死的原型的影响,我们需要对死的孤独具有忍耐力,这样过渡礼仪才会成功。

3. 死的体验

我们曾谈到过渡礼仪是伴有"死的体验"的。因为说到底,它是在象征意义上实行的,所以对其在感觉上的深浅,也因人而异。另外,最近由于复苏术的迅速发展,临床判断为死去状态,又复苏过来的人,比以前多出很多。从这些人了解他们"死"的体验,虽然使人感到十分不可思议,可我们也从中发现了一些规律。"死后世界"那些原本被视为令人悚然的问题,最近似乎也开始成为科学研究的对象,得到认真的科学分析了。为讨论生命周期最后阶段的死亡问题,我们也需要介绍一下这项研究[34]。

雷蒙德·穆迪(Raymond Moody)学的是哲学和医学,他对死这个问题的研究非常有兴趣。他听了一位精神医学教授本人讲述的"死的体验",很有感触。之后,他对有类似体验的人,包括在医生下了死亡诊断书后复苏的人,及因事故等濒临死亡的人,共 150 例进行了调查。他将这些体验收集在一起,并从中找到了一些共通点。他以这些共通点为基础,在理论上对一些"典型"特征进行了描写。我们来简略地介绍一下:

　　首先听见刺耳声,然后便感觉到自己以一种迅猛的速度通过一个黑暗隧道,脱离了自己物理的肉体,然后在一定的距离外,像旁观者那样注视着自己的身体。这时候自己有了另一个"身体",但跟物理上的肉体是异质的,感到了自己的特异功能。可以隐约感到自己已经死去的亲友们的灵魂就在身旁。过去从未经历过的、一种充满着爱和温暖的灵魂——光的生命——出现了,被问到了许多能总结自己一生那样的问题。接着这些亲友便帮自己把一生的主要经历连续地,并且是在一瞬间重现了一遍。接着有一种像屏障或边缘界限的东西渐渐接近自己,一种极度的欢喜、爱及安乐充满了全身。可就在这个时候,却事与愿违,不知怎么回事,自己再一次和自己本来的身体结合在一起了,自己复苏了。事后,想把自己的体验传达给别人,却苦于不可言喻。这样的体验对自己的人生影响极大,似乎对人生的感觉在广度和深度上都更进了一步。

　　穆迪说尽管这里只是一些简单的描述,可却是从一定数量的体验报告的共通点中所提取出来的。穆迪的研究报告也指出,接到死亡通知后经抢救复苏的人里,也有两三个人完全没有以上共通点中所提到的体验。另外穆迪指出,这些死者的体验报告与《西藏生死书》、伊曼纽·斯韦登堡的灵魂的体验,以及古往今来对死后世界的记述有很多类似性,这一点也很耐人寻味。

　　虽然通过以上体验报告,来断定死后世界或死后生命的存在还为时过早。不过可以说,人类对死有了相当的体验。或者至少可以说,有些人在死亡线上,已经经历了进入死的世界的过渡礼仪。穆迪还报告到,有过如此体会的人,这段体验对其今后的人生影响极大。其中"几乎所有的人都极力主张,要努力去培育对他人的爱,认为这对人生来说特别重要"。还有,"对死后世界有体验的人们,通过亲眼所见,体会到了新的目标和新的道德标准,并决定要重新选择与此合拍的人生道路。他们丝毫没有觉得,自己只是简单地被救了,或是自己在精神上变得比原来完美了"(35)。

　　根据这个报告,荣格对死后生命的研究发表过一些看法,非常言之有理。荣格说:"人在对死后生命理念的形成上,或在这个方面的一些想象上——即使以失败告终——应该尽自己最大努力。否则,会是一个很大的损失。因为他们所面对的问题,来自长期以来人类的遗产。换言之,这是一种原型,如果能将其置于我们每个人的生活中,就会使我们的生命增加一种全体性,多几分丰富和神秘。"(36) 现在,暂且不论死后生命是否存在,借助于死后生命的形象化,可以使我们的人生更加丰富,使我们的人生观更加完整。如若通过死后生命的视点来看今生,则有可能把握住更有意义的今生。

生命周期以死为终点,但如果把这个周期扩展到死之外来审视,就能够看到一个更完整的生命周期。也许正是能清楚地认识到生命周期的有限性,才能真正地接受它。今后对于"死的体验"的研究还会继续下去,我们不应视其为毛骨悚然的话题,而应相信通过诚实正确的研究的不断深入,我们也将受益良多。

六、今后的课题

上文粗略地概括了生命周期的问题。现在我们来看一下,以上篇章内未能完成的,同时也将作为今后课题的内容。作为问题本身,这些都是一些非常大的,且不能简单解释清楚的问题,今后我们还会继续讨论这些问题。

首先,第一个问题是家庭的生命周期。前文讨论了关于个人的生命周期问题,一个家庭整体也有生命周期。男女结婚成立家庭,如果视这个阶段为一个家庭的生命周期的开始的话,孩子出生、成长,与父母的成长相交织,形成一个周期。接着,孩子们结婚,成立新的家庭。最初的夫妇渐渐走向老年。看着自己的孩子工作、自立,孙子辈的诞生、成长,最初的夫妇或是走进两人世界的生活,或是与孩子夫妇共同生活。无论如何,最后要迎接死亡,接受孩子们的照料。在这样的生命周期的过程中,一个家庭的规模会时而膨胀,时而收缩。一般来说,一个家庭的生命周期,不断地和每个家庭成员个人的生命周期相关联,形成一个生命周期的整体。近代以来,许多国家虽然以核心家庭为主,可世界上仍有许多大家庭存在,大家庭的生命周期,与核心家庭的生命周期异同的比较研究,也十分有意义。

对家庭的生命周期来说,还有一点必须引起注意的是,如果几个家庭成员,在同一时期里,进行对每个成员来说意义不同的过渡礼仪的话,就会带来很大的家庭危机。丈夫、妻子、孩子是站在各自不同的、重要的人生转折点上的。全家人认识到这一点,家人之间互相帮助,互相理解,通过克服这种危机,才能顺利地完成各自的过渡礼仪。但在危机过于严重的情况下,也会发生家庭解体的情况。

还有一种情况是,开始的时候大家意识到某个家庭成员出现问题了,为了解决问题大家一起努力。到问题解决以后大家才发现,家庭的其他成员在这个过程中,也进行了自己的过渡礼仪。其实这样的情况很多。比如,儿子在自己家有了暴力行为,父母为了解决问题忙得东奔西走。父母会出去找专家商量,由于这是以前从来没发生过的事情,所以父母也开始坐下来商量孩子的事情等。随着类似经历的积累,父母这方也进入了体验后半期的过渡礼仪过程。

日本的家庭关系,跟欧美相比较,有着更微妙的瓜葛相连,这类事情也发生得更多。针对这个领域,我们今后需要做更多的研究。

另一个与生命周期相关的是女性问题。如何看女性的生命周期的问题,以及女性如何看生命周期的问题,是两个角度不同却互相关联的问题。先讨论一下后边这个问题。如前所述,以西方的思维方式讨论自我确立的过程,是男性眼中的结果。从女性的视点看这个问题的话,她们对自我的认识应该是不同的。自然,这个问题又牵涉东西方文化比较的问题。如与诺伊曼所提出的西方的自我——不论男女均由男性的英雄形象来表现——相比较来说,笔者认为日本人的自我——无论男女很有可能都是以女性形象来表现的。对此在这里我们无法详细说明,如有兴趣可参考拙著[37]。单就结论来说,到现在为止我们所论及的生命周期,都是来自男性视角,而不是来自女性视角。

那么,女性所看到的生命周期会是如何呢? 说得直截了当一些,她们很有可能会拒绝阶段性发展的想法。从一个阶段到另一个阶段的、随着时间的推进而持续发展的理念,是男性的思考方式。从女性的视线来看的话,所有的从最初就存在着,而变化总是呈圆环状的。这也许与对女性的生命周期研究不足也有关系吧。

先不提生命周期,可以说通过以上的讨论,我们已经对女性的视角有所了解。荣格的原型思想与此有些类似。他的原型思想主张,所有的人从出生开始在无意识中都存在着原型。孩子有老人的原型,而无论多老的老人也始终如一地存在着少年的原型。只是当解释某个年龄段,某个原型比较活跃、比较占优势时,才会用"阶段性"来描述。但这绝不是一个绝对的阶段,而是像上楼梯,只是上了一节楼梯而已,并没有离开脚下那个楼梯,整个楼梯一直都存在于自己的人生里。

从这个想法出发的话,"永远的少年"的原型并不一定要被否定。相反,它与老的原型可以成为一对,在创造性的活动里其实是必不可少的。在荣格派里,现在已有人开始注意这个"永远的少年"的原型了。

弗洛伊德思想里"男性的视角"比例很大。(虽然这么说了,但也并不能简单断言。)[38] 弗洛伊德学派的一位非常重视早期恋母情结的学者梅兰妮・克莱恩(女性),主张用"心位"(position)这个用语来代替"阶段"的说法。这个想法本身就非常有意义,而从这是"女性的视角"的观察和思考来看,也很有意义。她这个"心位"的想法也可以被理解为,位于"阶段"论与荣格的"原型"论的中间[39]。

应该说女性视角在生命周期这个观察"整个"人生的学问,及在对中年问题的研究上,已经发挥了很大作用了。在美国,有两本有关"中年危机"的大受欢迎的书籍,皆出自女性,这也并非偶然吧[40]。其中一位作者南希・迈耶(Nancy Meyer)以"弗洛伊德思想的毒害"为命题,讨论了美国人重视年轻人,而无视了中老年人的问题。她意识到了弗洛伊德"男性视角"的问题,但她也有些言过其实。正确的说法应该是,"弗洛伊德思想的美式理解的毒害"。实际在弗洛伊德晚年的著作中,可以发现其对女性的研究,以及对死的问题的研究。问题是美国当时在学习和接受弗洛伊德的思想时,完全舍弃了弗洛伊德的这一部分思想。这是我们在今后研究弗洛伊德学说时,应该讨论的问题。

　　如果不用严格的阶段去划分生命周期,而是将其理解为人生自始至终都存在着"所有阶段性的特点"的话,一个人即使没有走完从零岁到八十岁的全部路程,也可以实现人生的完整性。如果把生命周期的理论理解得太格式化,那似乎是人非活到八十岁不可了。若依照我们最后提到的观点来看人生,那么即使很年轻就离世,也可能达到一个完整的人生境地。如何实现以这样的观点看人生,也应该成为我们今后的一个课题。

注:

　　(1) D. J. Levinson. *The Seasons of a Man's Life*, Alfred A. Knopf Inc., New York, 1978. 南博訳『人生の四季　中年をいかに生きるか』講談社、一九八〇年。

　　(2) D・J・レビンソン、南博訳、前掲注 (1) 書、一九一二〇頁。

　　(3) 鑪幹八郎『訳者あとがき』、コールズ、鑪幹八郎訳『エリク・H・エリクソンの研究』下、ぺりかん社、一九八〇年、五五一頁。

（4）フロイト、高橋義孝/懸田克躬訳『精神分析入門』人文書院、一九七一年。

（5）H・エレンベルガー、木村敏／中井久夫監訳『無意識の発見』下、弘文堂、一九八〇年、三七〇頁。

（6）C. G. Jung. "The Aims of Psychotherapy." in *The Practice of Psychotherapy*, Collected Works. Vol. 16, Pantheon Books Inc., New York, 1954, pp. 40－41. 林道義編訳「心理療法の目標」『心理療法論』所収、みすず書房、一九八九年、四二一四三頁。

（7）C. G. Jung. "The stages of life." in *The Structure and Dynamics of The Psyche*, *Collected Works*, Vol. 8, Pantheon Books Inc., New York, 1960. pp. 387－403. 鎌田輝男訳「人生の転換期」『現代思想　臨時増刊　総特集＝ユング』所収、青土社、一九七九年、四二一五五頁。　本論文は最初、"Die seelischen Probleme der menschlichen Altersstufen"、と題して一九三〇年に発表された。

（8）Jung, *ibid.*, p. 394. 前掲注（7）書、四七頁。

（9）Jung, *ibid.*, p. 400. 前掲注（7）書、五三頁。

（10）金田鬼一訳『グリム童話集』五、岩波書店、一九七九年、二八一三一頁。

（11）D・J・レビンソン、前掲注（1）書、四六九一四七〇頁。

（12）D・J・レビンソン、前掲注（1）書、四六七頁。

（13）B. C J. Lievegoed, Entwicklungs-phasen des Kindes, J. CH. Mellinger Verlag, Stuttgart, 3. Auflage, 1982.

（14）桑原武夫『論語』筑摩書房、一九八二年、五九頁。

（15）H. Zimmer, *Philosophies of India*, Princeton University Press, Princeton, 1951. および山折哲雄「四住期の論理と四諦の論理」、『現代思想』臨時増刊「総特集ブッダ」、一九七七年、二〇八一二一六頁による。

（16）Zimmer. *ibid.*, p. 157.

（17）Zimmer. *ibid.*, p. 158.

（18）山折哲雄、前掲注（15）　論文、二一一頁。

（19）E. Neumann. *The Origins and History of Consciousness*. Pantheon Books Inc., New York. 1954. 林道義訳『意識の起源史』紀伊國屋書店、二〇〇六年。

（20）C. G. Jung. "Concerning Rebirth," in *The Archetypes and The Collective Unconscious*, Collected Works, Vol. 9 I, Pantheon Books Inc., New York, 1959, p. 142. 林道義訳「生まれ変わりについて」『個性化とマンダラ』所収、みすず書房、一九九一年、四一頁。

（21）J.-R. Staude, *The Adult Development of C. G. Jung*, Routledge & Kegan Paul, London, 1981.

（22）C. G Jung, *Psychological Types*, Routledge & Kegan Paul, London, 1923, pp. 424 – 425. 林道義訳『タイプ論』みすず書房、一九八七年、三六四―三六五頁。

（23）H・エレンベルガー、前掲注（5）書。　および、『岩波講座　精神の科学』別巻のH・エレンベルガーによる「創造の病い」の論文参照。

（24）E. Jacques, work, *Creativity and Social Justice*, International Press, New York, 1970. レビンソンの前掲注（1）書に引用されているが、絶版で入手できない。

（25）D・J・レビンソン、前掲注（1）書、三二頁。

（26）D・J・レビンソン、前掲注（1）書、一七頁。

（27）D・J・レビンソン、前掲注（1）書、九五頁。

（28）ヘンダーソン、河合隼雄/浪花博訳『夢と神話の世界　通過儀礼の深層心理学解明』新泉社、一九七四年、二二三頁。

（29）M・エリアーデ、堀一郎訳『生と再生』東京大学出版会、一九七一年、一六―一七頁。

（30）M・エリアーデ、前掲注（29）書、四頁。

（31）M・エリアーデ、前掲注（29）書、三一四頁。

（32）C. G. Jung, Two Essays in *Analytical Psychology*, *Collected Works*. Vol. 7, Pantheon Books Inc., New Youk, 1953, p. 229. 松代洋一· 渡辺学訳『自我と無意識』第三文明社（レグルス文庫）、一九九五年、一九〇頁。

（33）Jung, *ibid*., p. 105. 高橋義孝訳『無意識の心理』人文書院、一九七七年、一七六頁。

（34）レイモンド· ムーディ、中山善之訳『かいまみた死後の世界』評論社、一九七七年。

（35）レイモンド· ムーディ、前掲注（34）書、一二六頁。

（36）アニエラ· ヤッフェ編、河合隼雄／藤縄昭／出井淑子訳『ユング自伝· 思い出· 夢· 思想』2、みすず書房、一九七三年、一四一頁。

（37）河合隼雄『昔話と日本人の心』岩波現代文庫、二〇〇二年。

（38）「男性の目」という言い方をすると、いわゆる発達心理学による段階が、「男性の目」によっ· て設定されたものと言うべきであろう。

（39）この点については、ストー、河合隼雄訳『ユング』岩波書店、一九七八年，Ⅲ章を参照。

（40）N・メイヤー、山崎武也訳『男性中年期』サイマル出版会、一九八〇年。 および、シーヒィ、深沢道子訳『人生の危機バッセージ』ⅠⅡ、プレジデント社、一九七八年。

第二章　男女、老少的原型

一、现在的男女、老少

男女、老少是一个旧题新谈的问题。这个问题在任何时代、任何社会都是一个中心问题。不过，根据时代、文化等不同，社会会比较偏重于男女、老少中的某一类。在不同的文化里，或老年、少年，或男性、女性，其中总有一个会更受社会的尊敬。如果在一个文化里老年比较受尊敬，年轻人会努力让自己显得更老一些，选择服装等也会受到影响。相对来说，在年轻为贵的文化里，老年人为使自己看起来年轻，也会做很多努力。实际上就现在的日本来说，四十岁的人为了显得像三十岁而努力，而七十岁的人则为自己有着壮年般的强壮而骄傲。这在更崇尚老年的文化来看，是非常滑稽的，有时甚至有丑陋的感觉。

我们来看一下日本的男女、老少的现状。我做心理疗法工作，因而有较多机会看到人们不加修饰的日常生活。虽说如此，在此也并不能披露接受我的治疗的人的详细情况。我们来看一些众所周知的例子，笔者根据自己的经验一起来分析。先来看一下"开成高中生杀人事件"这个例子。这是父亲使用"家庭暴力"杀害高中一年级的儿子，事后父母双双自杀未遂，母亲在公审中自尽的悲惨事件。我们来引用一下记者本多胜一对这次事件的报道[1]：

A少年的家庭暴力行为确实非常严重。孩子在学校规规矩矩，回家后却并非如此。先是大声哭喊，A少年自己解释说："在外边的时候很想杀人，一直强忍着这种心情，忍到回家后就开始大哭。"A少年哭完了以后便开始狂怒，或是胡乱抓起东西便扔，殴打家人，对他们拳打脚踢。或是往家人头上浇水，直到完全湿透。或是家人睡觉的时候，裹着被子把他们扔到外边，把水泼进房间里，让大家不能睡觉。即使是逃出家门，他也会追上来用水泼。邻居们每天都能听到这些破坏声和吵闹声，甚至看到他把东西用火点燃后扔到家外。这样的情况持续了几个月。出事的几天前，他挥动着菜刀向父亲砍去，随后用盘子将父亲的头部打伤。当时大家只能叫了警车，把他送到精神症医院收容。

由于再也忍受不了儿子出格的恶行，父亲做出了杀死儿子、自己也去死的决定。我们来继续引用一下记者的报道：

父亲手持腰带，在灯泡下凝视着独生子熟睡的脸庞。A少年仰面睡着，父亲在他枕边双腿盘坐。父亲想起以前平平安安生活时与儿子有关的往事。他想起喊着"我今天又是第一名！"，拿着满分的答卷，跑进家门的那个小学生时候的笑脸。这个孩子怎么会长成现

在这样？这么想着,觉得可怜便下不了手。可随即又
想起,他追打祖母和母亲的疯狂嘴脸,及她们拼死逃命
时的表情。他打消了怜悯的念头,将腰带绕在儿子的
脖子上,失去理智地死死地拉紧绳子……

这是个多么骇人听闻的悲剧！事实上在日常生活中,
即使并未到杀人的地步,但接近于此的"家庭暴力"比我们
预想的要多得多。作为临床治疗者,我们在半夜时常会突
然接到电话,听到家长在电话那头说"要被儿子杀了",我们
便不得不立即采取行动。施行暴力的不单是儿子,女儿也
一样。警察局少年咨询室的江蟠玲子,对处理家庭暴力事
件有丰富的经验。我们来了解一下她所报告的例子[2]：

"你做菜太难吃了,我帮你做得好吃点儿！"说着就
把洗衣粉倒在锅里。"家里没打扫,不干净！"说着就把
酱油洒在地上,然后再撒上面粉。半夜把母亲叫起来,
命令"现在给我把房间打扫干净！"女儿随即监视母亲,
只要母亲一停下来,便立即用吸尘器的管子抽打母亲。
女儿对母亲说："你像从地狱里出来的一样丑陋,是不
是得化化妆啊？"当她把铁锅里的油浇在母亲脸上时,
母亲感到自己的生命受到了威胁,本能地离家出走,住
进了旅馆。

谁都想象不到,这是一个会弹钢琴的可爱女孩儿

的故事,这么一边叹气一边说着自己没人相信的故事的母亲,也是一位美丽的女士。

说起家庭暴力,以前多指丈夫对妻子,或是父亲对孩子的暴力。现在家庭暴力的特征是孩子对家长施行暴力。这里也并没有男女的区别。另一个很大的特点是,这些孩子在家庭外,大多是"好孩子"。正如江蟠玲子女士的报告所说,这个孩子单从外表上看她的所作所为,"完全令人无法想象,谁都不会相信"。这也就是说,今天家庭暴力的特征是,它并不一定特别容易发生在那些父亲有着被扭曲的性格,或是经济状况糟糕的家庭里,任何一个普通家庭都有可能发生。

在前边所引用的 A 少年的事件里,父亲在杀害儿子前,想起"以前平平安安生活时"孩子身影的情景,令人难忘。在充满家庭幸福的日子里,有谁会预想到自己家未来的悲剧呢? 最近,孩子的自杀问题成为记者们关心的话题,在很多家长中引起波动。实际上,通过电话或直接前来咨询,询问"我家的孩子会自杀吗?"或"怎么才能预防孩子的自杀呢?"之类的问题在增加。我们为了解除父母的不安,需要做出很多努力。实际上,从统计上看,儿童的自杀率并没有增加。可在报刊讨论背后的状况是,一般家庭的父母,对类似"孩子是否会自杀"这些过去从来没想到的问题,开始出现了或多或少的担忧。无论是自杀还是家庭暴力,就算这种事不会出现在自己家里，可对于很多家长来说，这些话题并不是与己无关，而是正在悄然引起不安。

那么，为什么现在会发生这样的家庭悲剧，使得很多家庭受到威胁呢？我们来探讨一下这个问题：父母杀害孩子，孩子杀害父母。这样的事情虽然十分恐怖，可如果翻阅一下神话记载，却发现这类神话比比皆是。对这一点，后边会详细加以说明。我们或许可以说，这个话题必然和"近亲相奸"相关。有研究报告说，最近日本家庭中，"近亲相奸"的问题在增加。换言之，通过现在家庭所发生的问题可知，古时候通过神灵所表现的故事，其实就存在于我们的现实生活中。当然不会有人认为，随着人类的进步，我们离神灵越来越近了。那么，现代社会的家庭中，怎么会上演神灵故事呢？原因究竟何在呢？

在 20 世纪初得以迅速发展的深层心理学主张，神灵故事会出现在人的无意识领域。这也是为什么我们可以在深层心理学的"情结心理学"里，看到神话故事里的人物的名字，如俄狄浦斯（神话中恋母情结的主人）、狄安娜（罗马神话中的月亮神）、该隐（神话故事里亚当和夏娃的长子）等。在孩子们长大成人、形成自己的人格的过程中，父母当然起着重要的作用。但严格地说，孩子对父母是如何认识和感觉的，或对父亲母亲有着怎样的意象认识，这一点是非常重要的。比如说，就上面所谈及的"开成高中生杀人事件"里的母亲来说，律师对她的印象是："是个非常聪明和诚实的人。"律师还说:"可以把事情做得如此完美的人很少。"(3)当然,无论在别人眼里多么完美无缺,可在自己孩子的眼里,有可能完全是另一种形象。他就是要攻击自己的母亲。换句话说,在孩子无意识的深层里,母亲本该有的那个形象在活动。他无法区别无意识中和现实中的母亲。

人们的无意识意象里,存在着能理解一切、接受一切的慈母观音的形象,也存在着吃孩子的鬼子母的形象。如果把这些神的形象,投影到现实世界里人们身上的话,便会出现以上那样的悲剧。所以,自古以来人们把这些形象,看成世俗生活以外的神圣世界的存在。人们一般通过宗教礼仪,来表示对这种存在的敬畏和尊崇,从而避免在世俗生活中去面对这些神圣的存在。他们像奉祀神那样,来对待无意识里的这种"超人"的存在,防止其侵入世俗的日常世界。这样,才维持了世俗社会层次上的家庭成员之间的正常关系。宗教的意义就在于,有很多禁忌来控制世俗世界的绝对自由,用宗教仪式的时间和形式,来限制日常的行动。到了近代,宗教的世界在缩小,日常世界则过于庞大化了。西方产生的自然科学,根据实证主义的精神,主张消除宗教"迷信"。这正应了所谓"矫角杀牛"(意即心欲爱之,实为害之)的说法,近代化以后,宗教对家庭的守护力遭到了破坏。结果,那些古代分配给神灵们的工作,神话剧里上演的、家人之间的戮杀和"近亲相奸",现在也只能在现实世界中进行了。

这也是作为人类"进步"的一环所产生的现象。其实,也许人们在一点一点地在不断走近神的世界,这并不是一句随便的玩笑。换一种说法说,人们在废除了许多并不了解其内涵意义的神的仪式的同时,必须明确地意识到这些仪式的内在含义。而且,我们也迎来了一个必须而且能够意识到这些问题的时代。如果我们有所怠慢,不去努力地认知这些问题,而是简单地否定神的存在,废弃这些宗教仪式,人们势必就会在家庭中体验到那种超过人间世俗范畴的憎恨和愤怒。这也许可以理解为一种被科学否定了的、"神灵的反击"吧。

现在,在意识深处理解神灵世界的仪式,处于极其困难的状态。这是因为,随着人间世界的缩小,各种不同的神之间发生了冲突。就日本的情况来说,日本人民吸取了西方文化,在仅限于西方诞生的自然科学时,并未产生任何问题。可我们现在却要面临是否也得把西方的神也吸收过来这样非常大的问题。对现代人来说,我们的注意不应该只停留在神像的外在区别,仅仅关心"去基督教堂呢,还是去佛教寺院呢?"这样的问题,我们真正应该注意的是,"这个神圣的意识形态是建立在什么样的基础上的?"或者,"它是以什么为中心而展开的?""它对我们的意识形象的形成又意识着什么?"这样的问题。还有一点,就是大家都很清楚,东方思想的中心与西方思想的中心明显是不同的。现代人应该选择一个怎样的支撑中心呢? 这个担子落到了我们的肩上。在考虑这个问题时,以男女、老少为中心的这个十分具有象征意义的问题,便出现在我们面前。让我们带着这样的问题意识,来一起思考以男女、老少为中心的问题。

二、亲子

　　人的出生、成长,及意识的形成,与父母之间的关系当然起着很大的作用。众所周知,在这个问题上,弗洛伊德认为,恋母情结(俄狄浦斯情结)的存在和人的本性密切相关。

　　恋母情结(俄狄浦斯情结),是弗洛伊德根据索福克勒斯的悲剧《俄狄浦斯王》的故事而命名的,这里我们对这个故事不再做具体介绍。这个希腊悲剧,之所以引起弗洛伊德的注意,是因为其中有一个父子激战的故事。弗洛伊德主张,就他所处的那个文化背景来说,在有意识的情况下,儿子一般会表现出对父亲的绝对服从,愿意走父亲的路,像父亲那样成长。而在无意识的情况下,儿子则对父亲有着强烈的敌意。之后,弗洛伊德也考察了女性的心理,也曾提及"恋父情结"(厄勒克特拉情结),然而值得一提的是,他最先注意到的是以父子为轴心的问题这一事实。总而言之,弗洛伊德通过"恋母情结"所主张的观点是,人们在有意识的情况下,视自己的同性长辈为榜样,渐渐形成自我。而在无意识的深层里,则存在着对异性长辈的心怀爱恋、对同性长辈内心深处的敌意,及怕被惩罚的不安为结构的情结。

　　然而,非常令人注目的是,日本精神分析学的先驱、曾求学于弗洛伊德门下的古泽平作,对弗洛伊德的理论提出了异议。古泽平作在 1931 年发表了《两种罪恶意识》这篇论文[4],提出了"阿阇世情结"的说法。他认为在如何理解人的心理上,除了"俄狄浦斯情结","阿阇世情结"也很重要。他曾将论文翻译成德文并寄给弗洛伊德,可弗洛伊德及其他精神分析家们,并未有人提及过此论文。最近在讨论日本文化的特征时,有人将古泽平作的"阿阇世情结"作为一个重要概念提出,并且引起了广泛的注意。笔者认为这个概念与我们所讨论的问题相关,而且在讨论日本人的心性问题时,这是一个相当重要的问题。我们在此具体介绍并讨论一下。"阿阇世情结",其命名出于佛典中的阿阇世的传说。有意思的是,古泽平作根据自己的理解,对传说进行了一些改写。我们不清楚古泽平作是否完全意识到了这一点,不过现在他的学生小此木启吾已经对这个过程作了很清楚的说明[5]。弄清古泽版"阿阇世故事"的来龙去脉,也已成为今后的一个课题。我们以后还会提到这一点。在此,我们先介绍一下古泽版的"阿阇世故事"。1953 年古泽平作在日本教文社出版的《弗洛伊德选集(第三卷)》——《续精神分析入门》译者后记里,对这个故事曾有过以下说明:

王舍城的频婆娑罗王的王妃韦提希因为没有孩子,担心年老色衰后,可能会失去夫君频婆娑罗的宠爱。王妃向一位预言者请教后得知，后山有一位仙人，三年后会死去，届时王妃会有孕，并生出一个非常优秀的王子。王妃等不了三年的时间，便杀了仙人。仙人死时跟王妃预言道："我会在你腹中被孕育，出生之后，必定要杀死自己的父亲。"日后王妃生下的便是阿阇世王。阿阇世成长为出色的青年，可却不知何因，经常忧心忡忡。释迦牟尼的敌对者提婆达多，向阿阇世说了他的身世。阿阇世便马上幽禁了父王。可是，因为王妃在璎珞（印度首饰）里塞进了蜂蜜，秘密送交他父王，所以父王活了下来。阿阇世在一周后得知母亲的行为后大怒，想要杀死其母，被大臣们制止，之后自己患上了流注一病。这样，阿阇世陷入更深的苦恼，最后被释迦牟尼解救。

根据这个故事，古泽平作提出了以下几点主张：弗洛伊德根据"俄狄浦斯情结"，解释了人罪恶感的形成。孩子杀了父亲，铸成大错。此大错便成为罪恶感形成的根基。相比较而言，阿阇世的故事所揭示的是，孩子是在自己的罪恶被原谅以后，才发生罪恶意识。按照他的理解，孩子"'贪得无厌'的'杀人倾向'，是在被'父母的牺牲精神感动'后，才产生了罪恶意识"。小此木启吾将古泽平作试图通过"阿阇世情结"说明的几个观点作了一个概括：（1）与被理想化了的母亲之间的一体感等同于受宠爱；（2）母亲对自己的背叛等同于怨恨;（3）超出怨恨之外的宽恕。这三个心理要素构成了一个心理复合体。当古泽平作把这种思想介绍给弗洛伊德时,并未说明是作为对日本人的探讨而提出的。他认为从世界范围上看,在弗洛伊德的理论之外,其他的理论也应该被认识。进一步说,他认为只要是人,那么在心理上应该同时存在"俄狄浦斯情结"和"阿阇世情结"。也就是说,古泽平作认为,在宗教上存在着两个根本不同层次的态度:自己犯下了罪,最后对其有所意识,怕被惩罚的态度;及由于自己的罪恶被原谅,由此而产生罪恶感的态度。他认为,这两种态度是截然不同的宗教态度,进一步说,便是一种神的体系的不同。具体地说,他认为前者的神是态度严格、有罪必罚的神,而后者的神是认为所有的罪恶都可以被宽恕的神。这个问题直接跟东西方宗教相关,与基督教、犹太教与佛教的不同相关。

东方神和西方神之不同,可以从阿阇世呼唤后所得到的佛的回答,与约伯呼唤后所得到的神的回答的区别上轻易看出。我们以后也还会再提到,阿阇世有杀母企图的这部分内容,是古泽平作改编的。据《涅槃经》说,阿阇世虽然杀了父亲,却对自己所犯下的罪恶不寒而栗,于是得了流注,身心交瘁。他认为自己杀害了无罪的父亲,必定会下地狱,即便是佛也救不了自己。而佛对此的讲道,则超出其想象。阿阇世听到了这样的佛声:"能看透三世的佛,尽管知道大王为王位杀害了养育自己、传位于己的父王,可这并不是大王一人之罪。如果说大王因杀父而入地狱的话,那众佛也应一同入地狱。诸佛无罪却独问大王的罪,那是不可能的。所以大王入地狱时,诸佛必然会相救的。"也就是说,不管阿阇世犯了什么罪都是佛的责任。言下之意,在任何情况下佛都会前来相救。

相比之下,约伯的情况如何呢?《约伯记》中约伯得到的"神的回答",和阿阇世所得到的佛的回答,对比强烈。正如"义人"那样,约伯过着循规蹈矩的生活。可是对这样的约伯,神给他的生活却是无边际的苦风凄雨。神让他财产被夺,家庭被损,重病缠身。约伯备受恶性囊肿的煎熬,这与阿阇世所受流注的病苦十分类似。人们在苦于皮肤病时,百拙千丑,一览无遗。这是一种自己的丑陋和痛苦暴露在别人面前、无法掩盖的痛苦。这样,这个"无罪的"(从约伯主观上看),却不断地面临苦从天降的人所突然听到的神的召唤声,跟佛陀对阿阇世的声音相比,有天壤之别。

> 谁用无知的言语,
>
> 使我的旨意暗昧不明。
>
> 你要如勇士束腰。
>
> 我问你,你可以指示我。
>
> (《约伯记》三十八章)

在这里神对约伯的苦恼没做任何安慰。神反倒是说,是个男人就要筋骨如铁，万夫莫当。神只是如此持续不停地向约伯呼叫着，表现着神的无所不能。之后，神说：

> 你岂可废弃我所拟定的？
> 岂可定我有罪，
> 好显自己为义吗？
> 你有神那样的膀臂吗？
> 你能像他发雷声吗？
>
> (《约伯记》四十章)

这里的声音是在宣布神与人是根本不同的。佛陀曾对一个犯了罪、要下地狱的人说："如让你下地狱的话，我自己也要下地狱。"可见佛教与犹太教的对比强烈。约伯深陷的困惑是，一个无罪的人为何要备尝艰难呢？而神的回答是绝对不可抵抗的吼声，人性被踩在脚下，遭到彻底粉碎，约伯再一次感到愧悔无地。

无论阿阇世还是约伯，他们同样通过对超自然的了解，得到了深刻的宗教体验。然而，如我们已经说明的那样，他们所体验到的超自然的存在是完全不同的。像人们一般所说的那样，这两者的差别，可看作父性宗教与母性宗教的不同。在这里，父性原理的根本是"切断"机能的运作，母性原理的根本是"包含"机能的运作。神在对待约伯时，表现出了神和人区别的严峻性。而佛陀在对待阿阇世时，则表示阿阇世杀父之后若进地狱的话,自己也一同进地狱,这是种极大的包容。

正如严格区分神和人那样,父性神在区别善和恶、光和暗时也非常清楚。站在这种区分的基础上,那些能够遵守神所制定的律法之人,便可以受到神的保护。这里神与人的契约便形成了。佛陀和人之间没有契约。那么,是不是佛陀包容一切,拯救一切呢?如果是这样的话,地狱应该是不存在的。在佛陀拯救的基础里,存在着母子一体那样的、不容怀疑的一体感。所有能够感同身受的人,都能被拯救。

佛陀是男性,其拯救理论的基础里却运作着母性原理。正因为古泽平作感觉到了这一点,阿阇世的故事才有意无意地由弑父改编成了弑母。我们来探讨一下古泽平作的故事的改编过程。正如古泽平作的学生小此木启吾所明确指出的那样,古泽平作本来是知道阿阇世的故事的。根据《教行信证》中《涅槃经》里所记载的阿阇世的故事可知,其中确实提到阿阇世的父亲杀了仙人一事,并没有王妃韦提希杀仙人的故事。而关于阿阇世一出生,便对父母抱有怨恨的故事(未生怨)的解说是,在阿阇世出生前,国中巫师预言这个孩子出生后将会杀害其父。所以母亲韦提希,便特意选在高处生下了婴儿,抛至地面,可孩子并未被摔死,只是断了一个手指。他日,知道事实后,他便杀了父亲,幽禁了母亲。

在古泽平作改编的故事里,值得注意的是,他把父亲的故事偷换成母亲的故事这一点。妻子担心没有孩子会使丈夫的爱情淡薄，便想要孩子。可是由于等不了三年的时间，便杀害了仙人。这个故事在任何佛典里都没出现过。这一点我们以后将进一步讨论，这里所要提出的是，把弑父的故事变成弑母未遂的故事的问题。这是考虑到把母亲放在主角位置上，比以父亲为主角更能突出母性原理的结果，这一点先前我们也有所提及。

三、弑父与弑母

关于古泽平作将阿阇世故事的主题，从弑父改编成了弑母的事实，如果以男女、老少为轴心考虑的话，随之而来的问题是，是将其看成现实生活中的个体存在呢，还是将其视为象征层次上的存在？简单地说，故事里的阿阇世的父亲和佛陀虽然都是男性，可正如我们所看到的那样，在象征性的次元上他们却都充当着母亲的角色。为了避开这种思绪上的混乱，同时又能强调母性的重要性，像古泽平作那样把主题换成母亲的故事，使这个故事比较容易理解。其实从古泽平作那里，我们还得到其他一些意想不到的启发。据小此木启吾认为，在古泽平作改写的阿阇世故事里，当阿阇世苦于流注一病时，是母亲照看了他。小此木启吾说，"这位母亲，借照顾病人这种无言的献身行为，表现了对阿阇世曾要杀害自己原谅的心情。不久，阿阇世也觉察到了母亲的苦恼，从而谅解了母亲。通过这样充满爱和恨的悲剧,母子之间尽释前嫌,和好如初"。在古泽平作及小此木启吾对阿阇世故事的改编和附加部分中,存在着一些很强的无意识要素。其实在弗洛伊德的"俄狄浦斯情结"里,也可以找到类似倾向。弗洛伊德不是在解释"俄狄浦斯"这个神话故事,而是通过这个神话来说明自己的想法。所以,一定会有人指责弗洛伊德对神话的生搬硬套。然而"阿阇世情结"的情况有所不同,如果也认为古泽平作并不是在解释这个故事,而是通过它来说明他所理解的"情结"问题的话,那么根据"无意识记忆的变化里,常常掺杂着情结"这个精神分析理论来看,古泽平作和小此木启吾在故事改编的过程里,把日本人特有的"情结"如实地反映出来了。这一点很有意思,也就是说,强大有力的母性原理被非常直接地反映了出来。在小此木启吾这里,似乎救世主不是佛陀而是母亲。这样一来,我们更容易理解母性原理的优势。我们虽然认为母性原理更强,可还是不能忘记,那个神话本来是以父子为轴心这一点。

如前文所述,相对东方的母系原理优势来说,西方则有很强的父性原理。虽然在以此为前提下,弗洛伊德的"俄狄浦斯情结"是具有意义的,可荣格认为,即使是在西方,在讨论父性问题之前也应该先讨论母性问题。另外,还有一点也很重要,弗洛伊德在理解父母与孩子关系的问题上,是按字面意义上的"亲子"来理解的。而荣格(我们在第一章里已谈及)对此持不同见解。他认为应该重视"父母"两字背后,分别存在着的、有血有肉的"父亲的存在"和"母亲的存在"。换句话来说,他认为孩子心灵深处所存在的父亲原型和母亲原型是非常重要的。基于这种想法,孩子在成长过程中,不仅要考虑现实中自己与父母的关系(与其有着非常密切的关系),同时也得考虑孩子内心存在的,自己与父亲原型和母亲原型的关系。依照荣格的想法,在孩子的发展过程中,不单存在以父子为中心的问题,也存在着以母子为中心的问题——这也处于原型的层次上——这一点我们也必须考虑。

荣格的高徒埃里克·诺伊曼(Erich Neumann)根据荣格的上述思想,考察了人的自我意识的确立的过程,著有《意识的起源史》[6]一书。他在该书中提出,近代欧洲人的自我意识"非常特殊"。他在书中非常完美地把握、阐述了西方人自我意识的形成与父亲原型及母亲原型之间的关系。关于诺伊曼的学说,前文曾提及,此处不作复述。其学说中最重要的是,他认为西方人的自我是通过男性的形象象征性地表示出来的。也就是说,近代欧洲,无论男性还是女性,无论老人还是年轻人,他们的自我都是通过男性的形象象征地表现出来的。这种意识方式与我们当前所讨论的男女、老少为中心的课题,当然有很大关系。

诺伊曼的学说很重视英雄神话。然而,众所周知,弗洛伊德及其后继者把英雄驱逐怪物的故事,还原于"俄狄浦斯情结",也就是说以弑父为主题来解释了。荣格反对把英雄追打怪物的神话,还原于这种个人的、一个父亲和一个儿子的、血肉关系层次上的解释。他主张以母亲的原型象征来解释这里的"怪物"。所以,这里的弑母,便意味着与太母的斗争,意味着自我在和无意识力量的对抗中,获得了自立性。在这样的过程中,具有自立性的男性的自我,作为驱逐怪物的斗争结果,接下来便是与其所救助的女性的结合。通过这个结合,恢复了曾一度被切断了的与女性之间的关系,也完成了英雄的行为。正如以后我们也要说明的那样,在西方文化里,男性和女性的结合被看作具有很高的象征意义。但我们也不能忘记,在这个结合前,曾存在一个通过弑母的行为来切断与女性关系的前提。

诺伊曼认为,为了确立自我,弑母是必须的,弑父却不一定必要。父亲是文化和社会规范的体现者,一般的人正是要通过与其取得某种程度上的一致,才能成为社会一分子而生存下去。从这个意义上说,弑父是向传统价值观的一种正面挑战。为此,只有少数有创造力的人才能做得到这一点。

从这个观点上来说,对俄狄浦斯的故事可以作以下这样的解释:在俄狄浦斯的行为里,首先最引人注目的应该是对斯芬克斯的摧毁。斯芬克斯让过路人猜谜,如果路人猜不出,斯芬克斯便会置他于死地。斯芬克斯是太母的象征,杀死斯芬克斯,意味着俄狄浦斯实现了杀死太母原型的工作。接着,他又完成了与女性的结合,对方则是自己的母亲。如果从象征意义上解释这场"乱伦"的话，这意味着在俄狄浦斯明确地拒绝了太母这一斯芬克斯的负面存在之后，又试图跟其无意识这一创造力的根源作结合。也就是说，从象征层面上看，这个"乱伦"反倒是有意义的。此外如果加上弑父的成功，俄狄浦斯就可以被称为典型的英雄了。遗憾的是，他自己所做的一切，都是在无意中（在无意识的状态中）完成的。在此俄狄浦斯并没有成为真正的英雄，他只能走到惩罚自己、结果成为盲人这一步。从这个意义上说，他自己放弃了获得更高意识的机会。

西方的自我确立过程，是淌着弑母（有时候弑父）鲜血的，随之而来的男性和女性的结婚便持有极大的意义。在此我们并不能详细论述，可是如果我们查看一下日本古代传说，比如跟格林童话相比较的话，即可以发现在日本古代传说里，结婚的主题极少见。这是因为与西方比较，日本原型层次上未完成弑母，从而结婚的主题也就不具备多少象征性意义了。

现在再回头看一下日本的家庭状况，便可以对我们在前面所提到的那种混乱和悲剧多发的含义有所了解了。随着与西方文化密切接触机会的增多，在日本文化的深层，似乎也渐渐开始发生弑母倾向了。孩子们在这种影响下，尚未能实现象征层次的弑母，却将其转向了现实中自己的母亲。

我们回到俄狄浦斯和阿阇世的比较话题，以古泽平作版的阿阇世为基础的话,这里不存在与俄狄浦斯摧毁斯芬克斯相对应的情节。阿阇世杀母未遂这一点给人印象极深。如前所述,在日本文化里,弑母未遂这一点很具特征性。然后,在杀掉斯芬克斯后,俄狄浦斯得以与母亲结婚。也就是说,这里一个极其重要的要素是,他和母亲之间存在着性爱这一点。与此相比,阿阇世与母亲韦提希之间的性爱并未出现。位于男女轴心的性爱,在这个故事里停留在象征性的层次上,并没产生什么大的意义。那么西方如何呢? 我们将在下一节讨论这个问题。

四、男性与女性

在西方文化的炼金术的世界里,我们可以看到男性和女性,通过结婚所表现的非常深的象征意义。正如大家所知道的那样,西方中世纪炼金术的存在,并不是因为要从贱金属(易氧化)里得到金子——当然这样的事情也是会有的——而是通过化学变化,来表现人心理上的某些体验。荣格认为后者才是炼金术的重点。炼金术师们说,“我们所渴望的黄金,并不是世上的那种黄金”。他们所渴望的黄金,用今天的话来说,是心灵深处真正的自己。我们来比较一下,在追求真正的自己的过程中,炼金术师的表现与禅家所传《十牛图》表现之间的不同。这里非常重要的是,认识真正的自己这个存在,永远是非常难把握的。而当你试图把这个存在意识化时,常常会在很大程度上受到意识方法的影响。真正的自己,或许全世界都相同。可正如我们所看到的,东方和西方的意识方法是不一样的。所以,它们当然是以不同的表现方式来进行描述的。

在记述人的个性化过程,或自我实现过程的著书里,荣格非常重视有关炼金术的著作。其中他以1550年出版的《哲人的玫瑰园》(*Rosarium Philosophorum*)为主,考察了在自我实现的过程中,男性与女性结合的象征意义。这里我们简约地介绍一些荣格在这方面的主要思想。很值得注意的一点是,此处象征性的"结婚"指的就是炼金术师所说的"神圣的结婚"。也就是说,此处的结婚,说到底指的是天上之灵的结合,它与地上的肉体的结婚是根本不同的。

如上所述,欧洲人的意识是确立在弑母行为基础上的。对母亲的否定等同于对肉体的否定。男性原理的优越性,导致了精神优越于肉体的观念的出现。基督教严格的伦理观,是视性的快乐为罪恶的。在明治以后,只是敷衍了事地实行了一下禁欲主义的日本人,对性的这种强烈拒绝否定的态度,不可能有什么共感吧。炼金术所起的作用,就是将如此确立起来的一些"表面上"的原理,通过"内部的"平衡、补偿,来得到其整体性的复原。所以我们必须注意到,如果对表面上强大无比的男性原理缺乏认识,而在这种情况下看炼金术图像的话,一定会产生认识上的错误。比如,我们在印度密教谭崔(Tantra)里所见到的交合图,是在深藏母性原理基础上,对一体化首先给予肯定的产物。虽然炼金术与其有类似之处,可两者的主张却截然不同。

在对以上情况有所了解的前提下,我们来看看荣格解说的《哲人的玫瑰园》图像。顺便说明一下,荣格的这些阐述,发表在他的《移情心理学》[7]一书中。这里还要说明的是,"移情"一词,虽然本质上指治疗者和患者之间所出现的心理过程,可这些图像所显示的,并不是产生于治疗者和患者之间的,而是分别产生于两者内心深处的(而且可以说,指的是深层意义上的两者关系)。换言之,这里所指的"神圣的结婚",并不是世俗意义上的结婚。

图2-1,墨丘利之泉(Mercurial Fountain)。(以下至图2-10各图由荣格命名《荣格全集》,《沃尔特·格尔》(Walter Verlag)刊第16卷《心理治疗实践》(Praxis der Psychotherapie)第2版,1976年转载。)这里所表现的是炼金术象征意义上的中心,也是炼金术操作上神秘的基础。图中分布在四个角上的星星象征着四种元素,位于中心的第五颗星是由四个元素所带来的第五个元素。下边的圆盘是赫耳墨斯神的盛器,所有"变容"的过程都发生在此。盛器里充满了被称为"我们的海"或"永远的水"的神圣灵水,它呈现一种混沌状态,亦被称为"子宫"。这就是何蒙库鲁斯(Homunculus)的产出之地。盛器的边缘写着:"矿物的墨丘利,植物的墨丘利,动物的墨丘利,合为一体。"三个管子里流出来的泉水分别表示"处女乳汁""醋之泉水"和"生命之

水"。这是与天上"三位一体"相对应的地上的"三位一
体"。上方的太阳和月亮象征着结合。这个结合的过程是，
由四个元素产生了墨丘利的三个名称，之后是太阳和月亮
两者的结合，到达永远不朽的第五元素。

图 2‐1 墨丘利之泉

这个"4—3—2—1"的"变容"过程，是以传说中的女炼
金术师玛利亚的玛利亚公理"一生二，二生三，由三产生出
四这一整体"为基础的。

图 2‐2，国王和王后。图 2‐1 对两个相对立的存在相
结合这一主题，并没有很清楚地加以表现，而图 2‐2 则详

细地表现了这一主题。在图2-2里,王站在太阳上,王妃站在月亮上,两人握着手。值得注意的是,这是左手相握。左手是不吉祥的,这暗示了两者的关系是反道德的关系。也就是说,这是一个暗示乱伦的主题。乱伦在道德上是恶性的,但是如前文所述,从象征意义上说则具有更高一层的含义。古代埃及王和王妃必须是同胞所生,这样才能保持纯血的血缘关系。王和王妃的关系必须是亲上加亲的,这暗示着象征意义上的乱伦。两人右手拿着花的结合,预示了左手的结合将要变成灵魂上的结合。四支花表示四个元

图2-2　国王和王后

素,上边的鸽子带来的花表示第五个元素。这表示性的欲
望,或近亲间性的欲望,将向灵魂层次的变化。

　　图2-3,赤裸的真实。与图2-2穿着宫廷服的国王和
王后相比,这里的国王和王后,脱去衣服,裸身相对。站在
太阳上的国王上方的文字为:"月亮呀,我是你的丈夫。"站
在月亮上的王妃上方的文字是:"太阳啊,我服从你。"鸽子
表示着两者结合的神圣力量,戴着的文字是"圣灵的结合"。

图2-3　赤裸的真实

　　图2-4,沐浴。国王和王妃浸泡在液体中。此图与图
2-1的墨丘利之泉相关联,盘中的液体被誉为"墨丘利的液

体"。从化学的意义来说,浸泡在液体里是一种溶解的状态,是物质变化开始的过程,也是回归于黑暗的原初状态。这是一种"夜间航海"。中世纪炼金术中,维纳斯(女性)象征着身体,墨丘利(男性)象征着精神,把两者"拴在一起"的魂(anima,阿尼玛),被看成两性具有的。这张图中的国王表示精神,王妃表示身体,上边的鸽子和下边墨丘利的液体使他们"结合"为一体。

图 2-4　沐浴

图 2-5,结合。国王和王妃在暗黑的海中结合。图上所附着的几句话是:"月亮啊,在我甜蜜的拥抱中,像我一样

强大,美丽。太阳啊,你是世上昭昭之明中最辉煌的存在。你对我的渴望恰似藤缠树,凤求凰。"这张画虽然有些像春宫画,但如前文所述,它具有极高的象征意义,表现了神秘的结合(unio mystica)及对立物的统一。在这张图里,之前出现鸽子和花等表现结合的象征物都消失了,因为国王和王妃本身成了结合的象征。(这里简单提一句,荣格所引用的不同版本的同一张画里,国王和王妃是带有翅膀的。)

图 2-5 结合

图 2-6,死。在此图中,盛着泉水的水盘变成了石棺。国王和王妃已经死亡,两个头和一个身体融合在一起。此图的说明是:"这里躺着死去的国王和王妃,充满苦恼的灵

魂离他们而去。"此图是"腐烂",也意味着"受胎"。只有到达腐烂,经过了死亡,新生命才会开始。这个腐烂也就是死,这是对前文所提及乱伦罪的惩罚。这个死与炼金术里的"黑色阶段"(nigredo)相对应。"Nigredo"是黑色化的意思,虽然黑暗,可这里让你预感到了新生命的再生。在水中沉没下去的过程,这一最彻底的死,开拓出了再生的道路。

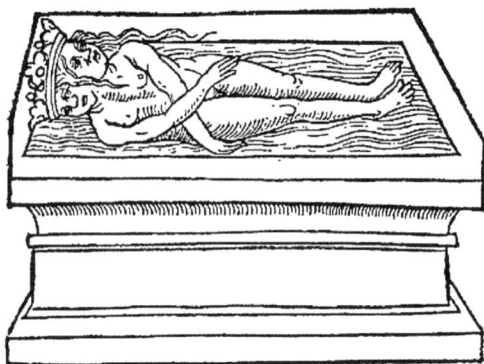

图 2－6　死

　　王妃所代表的身体性,也代表着与身体结为一体的无意识领域。它与象征着精神意识的国王身体的合一,从心理学角度看,表示了意识与无意识的结合。在这里,作为人的意识中心的自我,通过与无意识结合形成一个整体。荣格强调,人的心是意识与无意识合一的整体存在,并假定这个中心便是自性(selbst)这个存在。也可以把此图看成表现了"自我"悟到了"自性"存在的过程。从"溶解"的主题中,我们还可以看到,"自我"投身于如此伟大的"自性"的过程中,两者融为一体及"自我"消失的体验。

图2-7,灵魂出窍。从死体中脱出的灵魂飘然而上。两具身体合二为一,灵魂也得到统一。这个过程被称为"妊娠"。与一般的妊娠不同,这里的妊娠意味着,脱离了肉体的灵魂受胎于在天之灵。从心理学角度看,当物质性的东西被溶解、灵魂分离时,会导致无意识的力量变强,从而达到自我控制力基本消失的状态。这种情况非常危险,可以说这就是精神分裂症的状态。可经过一下这样的危险状态却又是有必要的,无意识力量的侵入被比喻成尼罗河水泛滥。在这个过程之后,土地才逐渐变成膏腴之壤。

图2-7 灵魂出窍

　　图2-8,净化。在这张图上,天上之水被引入死体。天上的露珠会净化及洗净黑色的身体。这是炼金术里继"黑色阶段"(nigredo)之后的"白化阶段"(albedo)。白化意味着光、日出、照明等黑暗阶段过后所出现的现象。向下方的(无意识界)彻底下降,招致天上光明的突然到来。

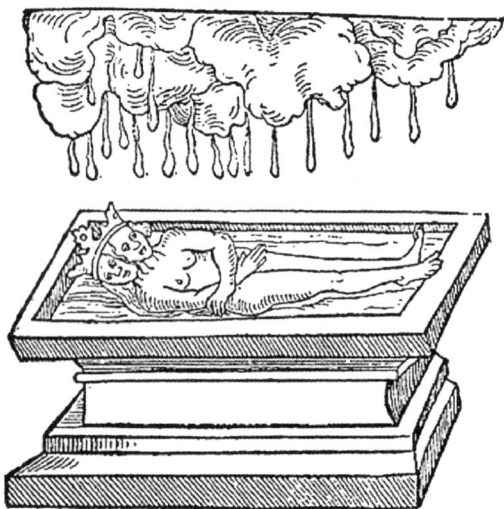

图2-8　净化

　　图2-9,灵魂回归。在这里平躺着的身体被赐予呼吸,灵魂也从天而降。在石棺下方,刚出鸟巢的鸟,及藏在鸟巢里边的鸟,表现了土地中的墨丘利与空中墨丘利的两面性。这意味着,两性中对立的两个方面虽然已近乎统一,然而,两者的冲突尚未达到最终解决的程度。

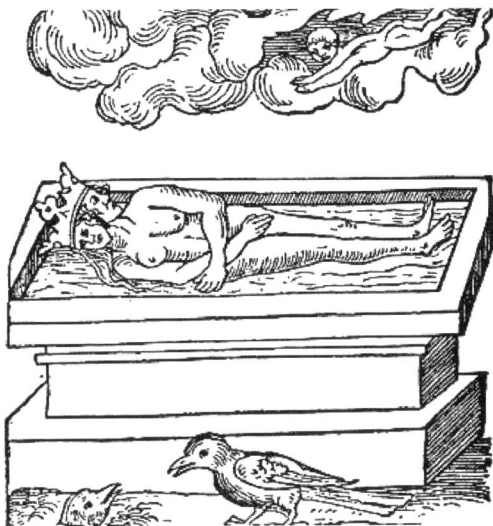

图 2－9　灵魂回归

　　图 2－10，新生。此图表现的是一个过程的完结。这里图 2－10 的"10"这个数字,也与前文所提及玛利亚公理 1、2、3、4 相加为 10 的整数相关。死而复生的赫马佛洛狄忒斯(Hermaphrodite)站在月亮上,左半身为男,右半身为女。月亮表示墨丘利盘。背上的翅膀,表示身体再生后的灵性。右手拿着三头蛇,左手拿着一头蛇。三头蛇表示与天上的"三位一体"与地上的"三位一体"的对应。脚下的鸟,暗示着恶魔乌鸦。树则被称为太阳和月亮的树,或是哲学之树。

　　炼金术师们称赫马佛洛狄忒斯(Hermaphrodite)为"贤人的孩子",并常将其与基督相提并论。中世纪后期的炼金

图 2-10　新生

术师,确实接受了基督教的思想,但其基础部分存在着阿拉伯、希腊、诺斯替主义等异教思想也是事实。我们从炼金术过程中的秘密仪式感受到,相对于基督教所持有的父性的、天上的、精神性的因素而言,炼金术的过程则强调了母性的、物质性的东西。在欧洲,虽然意识的确立明显以"父—子"为中心,确切地说是通过壮年男性"自我"的形象来表现的,可在这个前提下,为恢复其全体性,作为一种调整和补偿,便表现为两性具有的形象。

　　相对炼金术的过程,东方人也是用十张图像来说明这个真正自己的到达过程的。下一节我们来谈谈《十牛图》。

五、老和少

下边十张图像,是北宋末期廓庵禅师所作《十牛图》。关于《十牛图》,上田闲照认为,"这十张图分十个境界,是实现'真正的自己'觉悟的过程。这十张图表现了觉悟过程中的各个境界及相互关联,表现了一个人觉悟的心路历程及途中各种姿态"[8]。上田闲照指出,《十牛图》虽是禅宗学问,却又不限于禅宗,可以将其看作"自己的现象学"。笔者也打算顺着这个思路,把这些图与前面所示炼金术诸图像作比较。将这两组图作比较,是因为当拿到"老少的轴心、男女的轴心"这个命题时,我立即想到自己熟悉的两组图的分别最后两张。如前所示,炼金术的最后一张图表现了男女的共存,而《十牛图》的最后一张,则表现了老少的共存。我们最终将以此为焦点展开讨论。首先依照上田闲照的解释简约地介绍一下《十牛图》。相对于炼金术图像系列,日本读者对《十牛图》会比较容易理解。这里仅作一个简略说明,详细的说明请参照上田闲照的论文。

在《十牛图》里,"真正的自己"是以牛的形象来表现的,牧人则是在寻找真正的自己的那个人。

图2-11,寻牛。此图画了一个年轻人正在原野里寻找着什么,意为"寻找丢失了的心牛这个最初境界"。这与炼金术的第一张图无任何人物描写相比较,很有对照性。

图 2‑11   寻牛

图 2‑12，见迹。年轻人找到了牛的足迹。接着，从图 2‑13"见牛"、图 2‑14"得牛"到图 2‑15"牧牛"为止的几张图，并不需要什么说明。最初站在原野里的一个牧牛人

图 2‑12   见迹

与牛的关系,就这样循次而进地变得亲近了。

图2－16,骑牛归家。这里牛背上的牧人,连缰绳都不用了。他骑着牛,吹着笛子,走在回家的路上。对此,上田

图2－13 见牛

图2－14 得牛

图 2-15　牧牛

图 2-16　骑牛归家

闲照认为"牧人与牛已为一体。自己与自己的矛盾冲突已经缓和,自己的存在已经进入了一种甘美、田园般的境界。之前集中在牛身上的牧人的目光,开始瞻望起远方的太空"。

图 2－17,忘牛存人。骑牛到家。自己找回了真正的自己,达到了一种回归的、远至迩安的境界。牛消失了——忘牛,此处给人一种至极的东方感觉。人与牛完全变成了一体,两者达到了一体化。牛已不再是一个客观的、被观察的对象了。到图 2－16 为止我们所看到的是一个追求着的自己,与被追求的"真正的自己"成为一体的方向和过程。现在,这个一体中的真正的自己,变成了现实世界的人。之前,牛代表"真正的自己",所以我们暂时能看到它。现在"真正的自己"和自己变成不可分的整体。然而,随之展开的下一个境界,将超过这个一体存在的境界。

图 2－17　忘牛存人

图 2－18,人牛俱忘。在前一张图里,牛的消失已经让人目瞪口呆了。在此图中,连人也被忘却了。这里否定了

前七张图的全部过程,达到了消失一切、绝对无的境界。从第七张图到第八张图有一个决定性的、非连续性的飞跃。上田闲照认为,第七和第八张图,与之前的几张图相比,不再表现"行满功成"（werden）,而在表现"万物皆空"（entwerden）了。这并不是自我否定,自己消失,而是绝对的无。这是一种至高的境界,以这个绝对无的境界为起点,才有可能产生第九和第十张图的变化。

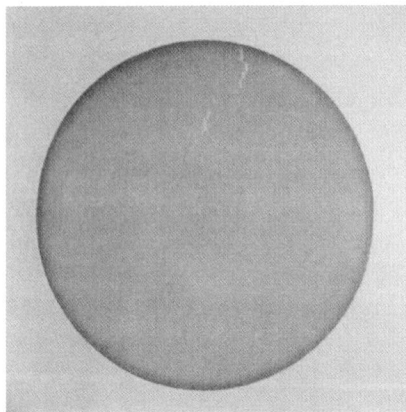

图 2 - 18　人牛俱忘

图 2 - 19,返本还源。这里画有小河流水,有岸边花枝,题为"返回源本,归去来兮"。

这并不是在表现人心内部的状态,不是一种"心象风景"。从第八到第九被称为"绝迹后的再苏醒",是从绝对的无到极端肯定的巨大转变。人与人,人与自然,人与超越精

图 2‑19 返本还源

神等各个领域,这些所有意义上和形态上相对的对立和分裂,都还原到无主亦无宾那种分裂"以前"的状态,并得到了"以前"那种状态的苏醒。山水也顿时呈现出"自己并非自己"的那种非任何对象物存在的状态。

图 2‑20,入尘垂手。这里描写的是在人世间小路上偶遇的老者和少年。入尘垂手的"尘"指的是街巷。这里的意思是,进街巷后,伸出自己的手为众生尽力。所以,画上是两个平凡相遇的人。然而,这里表现的两人中,并非一个是经历了各种境界的自己,另一个只是与其相遇的他人。这里所想表现的真正的自己是"面对面的这两个人"的合二为一。这和炼金术图中的国王、王妃的一体图是对应的,两者都是合二为一。

图 2-20　入尘垂手

上田闲照认为,第八、九、十张图的境界,不再是阶段上的提高,而是相互渗透、相互转换的关系。第八张图为绝对的"无",第九、十则用不同的形式,再次表现了第八张图的绝对无境界。对第十张图来说,是"真正的自己"到街上与他人交流。老人问年轻人很普通的问题,如:"你从何方来?""叫什么名字?"然而,正如很多禅学问答所示,这些普通的问题即是"什么是真正的自己?"这个问题思考的开始。这样,被问到的年轻人,开始走上了寻找"真正的自己"之路。从这里开始,又一次与最初的"寻牛"连接起来。这就是为什么上田闲照认为,从第一张图的寻牛开始,经历了到第十张图的过程。现在第十张图的他和他的相见,其实从第一张图走到第十张图的步履中就已经开始了。所以,第十张图自他的问题,并不是一个突如其来、临时加上的问题。

我们对《十牛图》如此过于简单的解释,或许会带来一些误解。《十牛图》与炼金术的图像相比较,确实相当不同。意外的是,它们之间也有很多类似。先看一下类似的方面。半开玩笑地说,荣格为炼金术图自 2-1 到图 2-10 所命的图名,即使是就这么套在《十牛图》上,也让人觉得没什么说不通的。比如,图 2-3"赤裸的真实",图 2-5 的"结合",图 2-7 的"灵魂出窍",图 2-9 的"灵魂回归",图 2-10 的"新生"。当然这里会有一些牵强,但由完全不同系列的命名这一点上来考虑的话,两者的一致程度就相当高了。而从象征性的视点看,图 2-6"死"、图 2-8"净化"也与其有所关联。图 2-8 虽然从画面上看完全不着边,可上田闲照对《十牛图》从图 2-18 到图 2-19 的变化进行解释时,说这里"通过'绝对的无'被净化了"。在炼金术的图上,天上往死体上掉水珠,也可以被认为是对"无"的表现,如此相比,两图之间的差别就小多了。

接下来,我们会讨论两组图之间的差别,这里先继续讨论两者的类似点。炼金术图与《十牛图》,乍看大相径庭,可它们的根基部却存在类似之处。两者所描写的,都是追求"真实的自己"的过程。如此考虑的话,它们理所当然会有许多类似。若说得直接些,两者所要描写的是同样的东西,都是"真实的自己"。可以说,由于两者意识构造上把握方法的差异,才导致了不同的表现形式。我们不可能知道"真实的自己"本身是什么。我们能做到的只是去表现"真实的自己"是如何被把握的这一点。两组图像的共通要素,是死及复苏的过程,以及作为最终结果的合二为一。也就是说,"真实的自己"里最本质的东西,是由难以兼顾的两者的共存所带来的一种整体性。

那么,炼金术的图和《十牛图》所表现的"真实的自己",究竟哪一个更接近真实呢? 有些人可能对此有兴趣,而笔者所想讨论的问题是,用这样的方式在探讨"真实的自己"时,所看到的两者意识方式上的不同。在考虑这个问题时,炼金术图像与《十牛图》的不同,便成了一个问题。我们首先要指出的一点是,正如前文也说到的那样,炼金术图像所表现的是人的内心深处所产生的存在。换句话说,"自我"并没有在图中现身。而在《十牛图》里,牧人就是"在追求真正的自己的自己"。用西方观点来看,这个牧人即是自我。也就是说,在《十牛图》里,自我是出现在画中的。

这一点极其重要。换句话说,《十牛图》里的"自我"并不像西方的那样,它并非存在观察者和被观察者不同的两种视线,《十牛图》里"自我"既是观察者也是被观察者。这是达到图 2-18 那种绝对无境界的必要前提。另外一个无论如何也避免不了的东、西方文化的差别是,同样是对实现整体性过程的描写,西方的自我意识,是通过弑母而达到的,而东方的自我意识,则始终与母亲处于同一个未分化的全体里。当然,需要说明的是,此处"未分化"这个表现本身,是西方的创意。

六、全体性

人的自我意识,有自己的体系,一定是一个完整的存在。为了保持一个完整的体系及统合性,它有着排斥与本体系不相容的异质的倾向。可是,人的"自我"的不可思议之处在于,它为了自我防卫,不仅存在排除异质、保持自己完整体系的倾向,相反也有吸取异质的特点。即使是陷入崩溃的危机,也要扩大自我,追求更大的统合。后者的作用当然不只与自我相关,其实它根本的动因,应该在人的无意识的范围内。后者那样的内心活动,是作用于心灵全体性的。

人的自我意识的存在方式,原本应该有很多种类。但近代欧洲所确立的自我的优势,随其科学发展的一日千里,而在全世界得到了承认。之后人们甚至一度将促使其得到了极端发展的美国,视为世界中心。可是到了20世纪70年代,人们开始对这种中心有了强烈的怀疑。现在欧美中心的思想已经变得相当弱了。

欧美式的自我意识,是由男性,而且是弑母后的男性英雄来表现的。其实应该将其称为壮年男子的意识。弑母后孤立了的英雄,为了恢复和世界的关系,寻求与女子的结合,以此重建其完整性,前文曾对此有所提及。这从表面上确定了欧美尊重女性、女士优先的态度和习惯。可说到底，这也是在以男性原理为中心的男性社会里的一种女性优先。众所周知，直到最近才有一些对此有所醒悟的女性们，站出来将女性解放运动迅猛地向前推进了一步。在此，主张男女平等的母性原理发挥了作用。然而，女性斗士们的主张是，女性也可以在男性原理的社会生存。承认这一点，其实等于还没有摆脱男性中心的世界观。

人的意识是不拘一格的，相对欧美式的意识，还应该可以存在其他的意识，如老人意识、女性意识、少年意识。说到可能性，所有的人不分男女老少，对意识都应该可以任意选择。女性当然也可能选择确立男性的意识。今天的欧美，从某种程度上来说即是如此。但在这种情况下，"女性的意识"并没有得到开发。顾此失彼的困境始终是存在的。

在文化和社会变动较少、相对安定的情况下，这个社会集团的人们会选择共通的意识形式。而这个意识形式则会成为大家唯一的、绝对的选择。人们甚至对是否还有其他的意识形式的存在，不会产生任何疑问。人们制定出各种道德习惯以维护当前意识体系的持续稳定。但如果集团内出现了天才，或者集团外出现了某种影响力，则会迫使这个稳定的意识形式趋于非变化不可的状态。现在，由于交通设施急速发展，我们与外来文化接触的机会激增，加上以欧美为中心思想的削弱，出现了沧海横流的混乱状况。人们在选择意识的形式上开始出现了迷茫。与此相呼应，以前被认为是绝对的习惯和道德,突然变得相对化了。本来平稳有序的男女、老少之间的道德习惯被打破,各种可能性也一举扩大。然而,有人把它看成可能性的扩大,有人把它看成道德的颓废,这也因人而异。

问题是在讨论日本这方面的情况时,我们事先要有一个思想准备,即对它的讨论是得不到类似讨论欧美文化时那种明确答案的。欧美的自我意识是通过壮年男子的英雄形象来表现的,而日本人的自我意识,究竟通过男女、老少的哪一类人来表现才更贴切呢?对这个问题,我们也许得不到一个明确的答案。拒绝明确地回答问题,是由日本人意识的特点所决定的。但有一点是很明确的,那就是日本人意识里的母性优势这一点。可是母性的特点在于,区别所有的事物时都很暧昧。如果把全体都包括在一起,也就是如果男女、老少都包括在其中,要使某一方独立出来的话,也是很困难的。在日本,类似"自我的确立→补偿→两者的统合而形成全体性"这样欧洲式的直线型图式,是行不通的。日本人的意识,正如《十牛图》的图 2 - 18 所表现的那样,是一种包括一切的"绝对无"的状态。

然而,由于与欧美文化的接触,今天日本人的意识构造,让人感觉是陷入了一种相当的危机状态。按照《十牛图》的展开顺序来解释,是否可以做如下理解呢?(当然这并不是对《十牛图》的解释。)日本人的自我究竟是以怎样的形象来表现的呢?(或者没法表现也罢。)作为确立以前的

一种状态,让我们在心里描绘一下一个少年的形象。在此,
这个少年的形象,是以父子为核心来观察,还是以老少为核
心来观察,是会有很大差别的。以"父—子"为轴心是欧美
的自我成长形式,在这个过程中可能会导致弑母。而"老—
少"这个轴心上没有弑母的存在。少年在走向老年这个自
然发展过程的背后,母亲一直是绝对存在的。这样的轴心,
多多少少有一些东方感觉。我们曾说到日本人的自我意
识,很难只用一个形象来表现。这样看,也许称其为"为老"
的意识比较合适。这里超越了性别的存在,只要是老人就
可以了。虽然看不见,可确切地说,这里是以母性这个绝对
的存在为前提,以男性老人为形象的。老人与进步发展是
无缘的。老人的意识不像青年的意识那样,对事物能有很
"明确"的理解。他们的体力走向衰弱,跟进步是无缘的。
然而其优势是,对死,这个人人要面对的问题,他们已随遇
而安了。这就是生死、有无这样难以兼容的双方(在程度上
并没有像青年人所期待的那么明确)合为一体的状态。这
是一个连自己的存在都很模糊的境界,是包含着自我、他人
的一个全体性的存在。

　　从这个观点出发,来看《十牛图》的最后一张图中的老
少则十分有趣。西方的图像通过男女的共存,再次获得了
全体性。而这张图是否也同样,通过老少的共存,使老的意
识得到补偿,达到了全体性的实现呢?可是,如果《十牛图》
里的年轻人向往西方式的英雄,回到图 2‑11 寻牛的路上,

他会满足于乌洛波洛斯那种圆的性质吗？与圆形的圆满相比，他也许更向往直线的进步，那么他到底是否想突破那个圆环呢？是否有这种可能呢？日本的年轻人，现在无论如何努力，也只能类似于太母手掌里上蹿下跳的孙悟空吧？

　　我们再回头看一下阿阇世的故事。如前所述，这本来是一个弑父的故事。救助阿阇世的佛陀也是男性，或者说阿阇世的父亲频婆娑罗王所杀害的仙人也是男性。"仙人—频婆娑罗王""频婆娑罗王—阿阇世（其实是仙人的投胎）"，这个对立关系，让人想到《十牛图》最后一张图里的老人和年轻人。而我们也可以将年轻的阿阇世看成仙人（老人）的再现，这一环形构造值得注意。这些故事与西方的不同，虽说救世主是高次元的佛陀，可仍是母性原理在起作用，这一点我们在前面也曾提及。也就是说，这些是在看不见的母性存在的前提之下，男人之间所发生的故事。在前面活跃着的是男性，可背后起作用的是母性这一事实，对现在的日本来说仍并未改变。

　　那么，现在我们再来看一下，古泽平作所主张的日本式的变化。如前所述，古泽平作为了使背后存在着的母性原理表面化，有意无意地把本来父子之间的故事，改写成了强调"母亲—儿子"之间关系的故事。可在此我们要注意的是，杀害仙人的不是频婆娑罗王而是韦提希这个事实。这里的疑问是，古泽平作对这个改变有多少是下意识的呢？

我们知道古泽平作曾解释说,由于韦提希担心自己的姿色衰退,丈夫对自己的宠爱消失,便十分想要孩子。因为这样才杀了仙人让孩子投胎的。这是一个极端的以自我为中心的行为。换句话说,这是以男性原理为基础的自我的萌芽。佛陀是男性,同时也是更高次元上的母性原理的体现者,相比较来说韦提希是女性,可却作为非常原始的男性原理的体现者而出现。她的行为和结局,虽然完全都掌控在广阔无边的佛陀的掌心之中,可是否能把韦提希的这个形象,看成母系优势的东方世界里的、西方式自我确立的一种萌动呢?今天日本的状况是,由于再也无法忍受男人们的母性原理的优势(原始形式上的),开始出现了女性强力主张父性原理的萌动。

无论如何,实现了杀仙人的这个女性形象,或许从某种意义上来说是象征日本人自我的最贴切的表现。从这里可以看到,父性原理和母性原理的共存。这个共存的表现方式有些怪异,并有待于逐步完善。然而,我们至少可以看到,先驱者古泽平作,为说明日本人的深层心理结构,而深思苦索,呕心沥血。他无意中对这个形象,作出了最贴切的描述。这是怎样的一个女性形象呢?她杀害了男性圣者,同时把他的转世像亲骨肉那样抚育成人,怨恨和感谢发生在了同一条轴线上。这里强烈表现出了她的自我主张。今后在考虑日本人的自我形象时,古泽平作笔下韦提希这个女性形象,对我们将大有启发。

七、小结

在人的无意识里,存在着男女、老少的原型。男女、老少不同的原型,虽然在人的无意识里是可以共存的,可在有意识里几乎不可能。在形成统一的自我意识的过程中,选择一个固定的原型作为其根基,是很重要的。我们可以根据一个集团,以怎样的观点来选择其自我意识的根基这一点,来认识一个时代及文化的特征。若是男女、老少,分别根据其各自本身原型背后所具有的特点,形成自我意识的话,当然应该是最自然的。可是,在一定时代文化潮流的影响下,一个适应于全体集团认可的自我意识的形成,总附带着某些牺牲,必然有些人在甘当配角的境况中生存。

从人的心灵所具有的全体性上来看,片面的自我总需要根据其对立面得到某些补偿。从这点来说,配角在某种意义上总是必要的。

一个集团在选择其意识体系时,其底流部分始终会产生一种补偿力量。基督教和炼金术就是一个例子。还有一种可能是,当一个体系中起补偿作用的部分受到太大压抑,会导致急剧的社会变动,补偿作用则会发生在大动荡之后。配角们总是会对主角的位置虎视眈眈,有时甚至会发生位置转换。

西方近代所确立的自我,是以完成了弑母的壮年男子英雄形象来表现的。在这个社会,老人、孩子、女性即便有所勉强,也会为确立和维持这样的自我意识而努力。为了确立男人的意识,他们要么在男人意识得到保证的条件下活跃着,要么在保持各自意识的条件下甘当配角。从可能性上说,谁都可以确定"男人的意识",不可否定的是,年轻男子是最为有利的。

21世纪后半期开始,突飞猛进的自然科学技术的发展,一举扩大了人的可能性。很多以前可望而不可即的事情都成为可能。与此相关的是,大家在迅速、密切地接触异国文化中开始意识到,一个人在选择自我意识时,不再限于唯一的一种,而出现了更多的可能性。然而,在追求各种可能性的过程中,却导致了莫大混乱。首先,那些一味固执己见地认为西方的自我最为强有力的人们,主张无论男女老少都得具有壮年男子的意识,并开始朝这个方向努力。其中最明显的,应该算是欧美的女性解放运动。他们主张男女要有平等的生活,也应该有平等的生活。另外,东方的一些向往、追求西方式自我并朝其努力的年轻人,也可被纳入其中。在这种影响下,日本年轻人在无意识的层面上发生了波动。他们把一些本该在个人内心消化掉的问题,简单地付诸行动。前文提到对母亲施行暴力的行为,便是一个例子。看来,壮年男子的偶像,还继续不断地在全世界发挥功效。

下面要讨论的是一种可称其为追求全体性的行为。其表现形式为,由于孩子有广泛的适应性,所以很难在社会上有一种固定的角色。相对来说,如果一个社会有一定的意识体系,孩子很早就会形成自己的意识体系,加入成人的行列,而且也很早就能掌握这个社会需要自己所具备的知识和能力。然而在今天,男性的社会职责及女性的社会职责的界线模糊不清,到底确立怎样的意识才能算是"长大成人"这一点,也变得非常模糊。孩子在探索各种可能性的情况下,要确定一个发展方向,却变得十分困难。结果是,他们似乎总是处于未成熟的状态。在这种追求全体性的行为尚未形成一定的意识时,它只能表现为试图冲破这个社会所制定的种种界限,造成自我的不成熟,甚至会带来崩溃。现在"永远的少年"这个病理泛滥的现象,正是出于这个原因。

对可能性的扩大与追求,到头来总是会和西方的自我相提并论,结果总会一味地朝追求扩张和进步的方向发展。可如果真想探求可能性的话,那么老人的意识、女性的意识,以及少年的意识,才是更应该追求的。追求可能性,绝不仅仅是老人的重焕青春和女性的不让须眉。如前所述,与西方人相比较,日本人更了解老人及女性的意识。现代日本人所应该承担的责任是,要在弄清这些问题,及在对其正确评价的基础上,再来讨论如何与西方的自我竞合与切磋[9]。

注:

（1）本多勝一編『子供たちの復讐』上、朝日新聞社、一九七九年。

（2）江幡玲子「「家庭内暴力」について」、前掲注（1）
書、所収。

（3）前掲注（1）書。

（4）古沢平作「罪悪意識の二種」、小此木啓吾編『現代の
エスプリ』148「精神分析· フロイト以後」、一九七九年。

（5）小此木啓吾「古沢版阿闍世物語の出典とその再構成過
程」、前掲注（4）誌。

（6）E. Neumann, *Ursprungsgeschichte des Bewußtseins*. Rascher-
Verlag,1949. 林道義訳『意識の起源史』紀伊國屋書店、二〇〇
六年。

（7）C. G. Jung, "Die Psychologie der Übertragung," in *Praxis
der Psychotherapie*, C. G. Jung Gesammelte Werke, 16. Walter-
Verlag,1976. 林道義· 磯上惠子訳『転移の心理学』みすず書房、
二〇〇〇年。

（8）上田閑照「自己の現象学　十牛図を手引として」、
『展望』一九七七年十一月号。

（9）以上の諸点についての筆者の考えは、『昔話と日本人
の心』岩波現代文庫、二〇〇二年にまとめてある。

第三章　老人神话学

一、老人的尊严

最近有一种倾向，即说到老人便会联想起"痴呆症"。实际上在我们周围也确实可以经常看到，有人在壮年时代如有三头六臂、非常活跃，进入老年后便四肢无力、颠三倒四了的情况。近来对老年人的这种印象，渐渐变成了一种固定观念，所以人上了年纪，就开始对"痴呆症"产生恐惧。年轻人则揣摩着，如果父母患了"痴呆症"应该如何对待？许多人过早对此忧心忡忡，这便是目前社会上的一般状态。

在这种情况下，为了重新考虑关于老人最根本的含义，我们应该多多参考那些，不仅保持着尊严，更是意气风发、积极向上的老人的事例。这些事例表现了一种与"老人＝痴呆"相对立的老人观。我们对此来进行一下考察。

1. 老人的威严

荣格曾鼎力帮助弗洛伊德进行精神分析活动，与其分道扬镳之后建立了自己的分析心理学，其间他对老年问题进行过许多考察。荣格把人生分成前后两个部分，并且很强调后半部分的意义，所以当然会非常注意老年研究。他留下很多著作，值得注意的是，以《心理学和炼金术》为主的许多引人注目的书，都是他在七十岁之后所撰写的。这说明他本人的老年生活也过得非常有意义。下面具体介绍一下荣格对老年人的一些十分有意义的研究[1]。

荣格 1924 年曾旅美,其间访问了普韦布洛印第安人的居住地。荣格在那儿学到了很多东西。其中之一是他注意到,普韦布洛印第安人的老人们充满了威严,同时生活得也十分悠闲。跟欧洲那些生活孤独的老人相比,这里的老人有一股老当益壮的气势。荣格便千方百计地想弄清,普韦布洛印第安老人们的秘密所在。最初他怎么也不得其解,普韦布洛印第安人与荣格渐渐熟悉之后,才向荣格透露了一些秘密。

他们虽然年迈,却始终精神矍铄,其秘诀与其宗教及神话相关。普韦布洛印第安人的信仰认为,普韦布洛印第安人,特别是族内长老们,掌管着太阳的运行。一位普韦布洛印第安人曾对荣格说:"因为我们住在世界的顶端,所以我们是太阳的儿子。我们的宗教信仰告诉我们,我们的父亲每天在横跨天空的时候,我们都得给他帮忙,打下手。这并不是为了我们自己,也是为了全世界。我们相信,如果我们不遵守这些宗教仪式,十年左右太阳就升不起来了。那么毫无疑问,世界上就只有黑天了。"

荣格在听了这样的解释后,明白为什么普韦布洛印第安人有那样的"品格"了。荣格感觉到,之所以普韦布洛印第安人的"生活带有宇宙意义,是因为他们每天都在帮助他们的太阳父亲——这位全体生命的保护者,做着日出日落的伟大工作。如果我们要为自己申辩,也就是说,把我们这种理性化的生活意义,与普韦布洛印第安人的生活意义相比较的话,则会发现,我们自己的这种生活是多么枯燥乏味"。

荣格将普韦布洛印第安人的生活意义,与欧洲人理性化的生活意义相比较,强调欧洲人生活得太贫乏了。令人惊叹的是,在 20 世纪 20 年代,正是整个欧洲沉醉于欧洲中心主义的美酒里的时候,荣格提出了这样的思考。即使在今天,对日本人来说,荣格所说的话仍十分有意义。

荣格听了普韦布洛印第安人的故事,看了他们的生活环境,发现他们似乎真心相信自己住在世界的屋顶,离神灵很近,每天帮助太阳横跨天空。也就是说,他们所处的自然环境也给了他们特有的思考方式。那么,当确信自然和人是融为一体的,当人在这样的信仰下生活时,老人的意义便有可能得到强化,老人的威严才能得到保证。

2. 神话的意义

一般来说,现在人们提起"神话"时,多带贬义。神话常被指责为"都是一些与事实不符的、荒诞无稽的信念"。然而,神话并非是这样一种存在。在此,我们来讨论一下神话对人生的价值。神话价值的降低与老人评价的下落,其实很意外地同出一辙。

人类在人生道路上,需要各种各样的知识。在现代,科学知识是强有力的。科学把自己和这个世界隔开,使其对象化。科学知识,就是在观察对象的过程中,找到各种法则,并将其综合而成。西方近代急速发展起来的科学知识,向全世界展示了它的有效性,使人们屡屡为之震惊。人们在全面接受科学知识的同时,也将其带入了自己的世界观。虽然科学知识强有力这一点不容置疑,但问题在于它同时也变成了人们的世界观。如前所述,科学的知识是通过将世界与自己相隔离而成立的。科学知识在提供与个人毫无关系的、普遍的知识方面是绝对占优势的。可仅仅凭借这一点,它却成了衡量一切的世界观的标准,这便是问题所在。

我面前有一个老人。我们可以测量他的身高体重,还可以检查他在各方面的体力和智能。结果很明显,老人的智能和体力都衰退了。科学的测量给我们带来了一些普遍的知识这一点,是没有人会反对的。可科学知识却没有告诉我们,如果这个老人是我的父亲,作为个体的我,应该如何正确地去与属于个体的父亲相处。科学本来就是和价值判断无缘的。老人在科学检测中得到了指标下降的结果,而如果仅仅因此就认为老人无价值的话,那他们的世界观是建立在什么基础上的呢? 今天科学的力量是如此之强大,很可能科学检测中数值高的则被认为有价值,数值低的便被认为无价值。

科学理论产生的基本条件,在于把外在世界视为对象来观察。在这个前提下观察其他存在时,非常容易忘却自、他之间的内在关系。如果我们把自己视为世界的一分子,在世界与自己的关联中思考问题的话,我们就需要神话的智慧。希腊人懂得太阳是个炙热的圆形物体。尽管如此,他们仍将太阳看成一个乘坐在四轮马车上的英雄。因为在他们看来,当以人和太阳的关系为基点来讨论宇宙观时,这个形象是再恰当不过了。

父亲上了年纪,语言也渐渐地变得难以理解了。这个时候,若以人体智能检查中的语言能力标准来衡量,他无疑是已经接近于天国的了。但若用神话世界的智慧,来解释他那一般人难以理解的语言的话,我们之间的交流则会变得深厚、融洽得多。事实上,爱奴民族现在对老人仍非常尊重。他们称老人们的那种难以为人理解的语言为"神用语"。这种语言表现被"认为是步入另一个世界的准备,也是距离神灵世界越来越近的结果"[2]。

曾对科学与神话学进行过深入研究的哲学家中村雄二郎说,"对我们人类来说,充满科学知识的近代科学,明显表明了科学知识在整个人类知识体系中的位置。现在当我们回首展望,进行一下反省时,便发现当下最需要做的是,找回对象与我们之间有机结合时的那个整体,将其返还于对象物,使其得到复原。这当然并不是要从近代科学退回到科学之前,也不是要阻止近代科学的发展"[3]。关于神话的智慧,中村雄二郎曾说,"神话智慧的基础就在于,人们的内心深处,那种非常强烈地要弄清人与周围事物及由其所构成的世界之间的、被称为宇宙论的深层意义的、极为根本的愿望"。

眼下比较困难的是,对现代人来说,在掌握了近代科学知识的同时,也要理解神话的智慧这一点。正如荣格所说的那样,尽管我们知道,在理性支配下所形成的生活意义是远不如原始印第安人的那样深刻的,但我们还是丝毫不会相信,自己的人生可以支配太阳的运行。在这种情况下,我们应该做的是,努力找一些适合自己的神话。我们需要相当的努力,才能完成这个高难度的课题。在自己的文化里有哪些老人神话呢? 它们又是如何作用于当今社会的呢? 希望这样的研究对今后会有一些参考价值。最终还在于,各人得找到适合自身的神话智慧。

二、生命周期的完成

虽然各人要找到适合自己的神话,然而神话有着一定程度的共通性。在特定的时代及文化里,某些神话具有普遍意义。比如信仰某一宗教的人们,对某个神话在这个宗教里所具有的形象,会有同样的感觉。

如前所述,在现代社会由于科学的迅猛发展,神话学被推到了幕后,这更增大了难度。虽然现代人的课题,是如何使科学及神话学在自己心中得到并存,可是谈到老人问题,比如生命周期的理论中,在"人老了便是人生的完成期"这个视点上,可以说是多少达到了科学和神话学之间的某种妥协的。

1．生命周期与衰老

在西方诞生的心理学里，以人的成长为研究主题的发展心理学，着重于研究人从诞生到成人的过程，而并未展开成人后的研究。这也就是说，在西方心理学里，人到了成年便被认为，一个人的成长已"完成"。这种认识也无可厚非。人的能力，凡属于可计量的部分，无论体力或智力，无一不在二十岁前后都已发展到顶点。再往后的变化，则皆呈下降曲线。应该说，在现代心理学中，以这种"发展的观点"为研究主题的情况仍占主流。只要站在这个立场上，老年心理学的研究，当然会集中在如何把握从顶点到衰退状态的研究上。

荣格对学术上的"以西方为中心"这一点，始终持怀疑态度。他的研究很早便开始强调人生后半期的意义了。虽然对他来说，这与前来向他求医的患者，多处于人生后半期相关，但更大的原因，是出于他本人心灵深处的某些精神体验。荣格虽然也非常强调，在人生前半期"成人"的过程中确立自我的重要性，可他并不将此看作一个人"发展"结束的标志。他认为人在心理上、精神上的成熟，更大一部分是在人生后半期发生并完成的。

荣格的这个主张，虽然当时未被广泛接受，在他辞世以后的20世纪70年代，人们对西方近代科学发展的疑问越来越多。与此同时，在欧美突然出现了主张更全面地讨论人生的倾向，且这种倾向日益增强。虽然我们并不确定，这种主张能普遍到什么程度,可相对于只研究从出生到成人过程的发展心理学来说,以全部人生为观察对象的生命周期论的研究开始得到了相当程度的认可。

第一章曾对生命周期有所说明,在此不作重复。仅对其理论中关于老人的地位再作些补充。荣格十分强调对人生后半期的研究,他对与西方世界观完全不同的东方的宗教和思想抱有极大的兴趣。他对印度和中国思想相当熟悉。提起生命周期,最先出现在日本人(也许今天的年轻人并非如此)脑中的,应该是孔子《论语·为政》中的那几句话。我们在本书第一章曾有所介绍。荣格对这些内容也应该是很熟悉的。

孔子所言,极恰当地阐述了人的生命周期。而且值得注意的是,他对"老人"的定位赋予了"完成"的内容。这里人到四十岁为止的人生走向,与五十岁以后的人生走向是不同的,荣格在阐述人生前半期与后半期时,也常说到这种差别。

通过这些事实及第一章所提及印度教四住期的思想可知,生命周期的思想原本来自东方。事实上,现在任何观念只要跟欧美沾边了便身价倍增,"生命周期"(life cycle)这几个字眼,用片假名来表示,使人感觉新颖,可实际上这个思想却来自古老的东方。虽说如此,也没必要急于断言东方思想更出色。不管怎样,事实上我们现在每天的生活,是沐浴着西洋文明的。我们应该说,正是支撑着整个近代文明的西方科学知识与东方智慧的相得益彰,才形成了生命周期这样的概念。生命周期的概念,存在于科学知识与神话智慧微妙的交接点上。应该说,在掌握和运用科学知识后,其效果会立竿见影,而神话的智慧则并非如此简单。一个人需要经过相当的努力,才能将神话的智慧变成自己的东西。尽管我们大张旗鼓地强调生命周期的理论,但如果努力不足的话,我们仍不能看到那个画上完整句号的老人。

2. 老圣人

在老人神话学中,"老圣人"是一个重要的形象。他们年长而更加机深智远。老马识途的智慧与一般的知识或壮年人急于求成的特点相比,更高出一筹。而且老人具有一种出人意料的洞察力。这种"老圣人"的形象,不分东、西,普遍存在。在现代人的梦中,有时或许会出现这种存在。在此,为探讨我们的文化基础,再来说说中国的"老圣人"。

前文曾提及孔子生命周期的思想。然而,在孔子的名言"七十而从心所欲,不逾矩"问世仅三年之后,他就辞世了。

另一位在中国被尊为"老圣人"的,是思想上与孔子大相径庭的老子。现在虽有《老子》(亦被称为《道德经》)一书,可对此书的作者老子的是否存在,他又是怎样一个人,却并无定论。也许正因如此,在中国人及日本人心中"老子"的形象却具有更丰富、更深层面的含义,是更名副其实的"老圣人"形象。

福永光司[4]对《老子》一书的解说，是从西田幾多郎《劳动者所见》书中的一段引文开始的。"在东方文化的根基里蕴藏着这么一种存在，一种能看得到的无形之形，能听得到的无声之声。实际在我们的内心深处，始终渴望着这种存在。"福永光司认为，正是老子向人们揭示了这种"大音希声，大象无形"的存在。在这里，"老子"这个"老圣人"形象跃然纸上。

福永光司指出，在《老子》一书里自始至终没出现过专有名词。书中另一个特点是，"我"（"吾"）这样的第一人称代词突如而现。他认为"在这里，看到了个体和普遍之间，无需任何媒介的直接关系，实现了自己看道、道看自己，或者自己既是道、道既是自己这样自成一体的境界"。他的结论是，"将'个体'与'普遍'直接相连的思想，是老子思想最根本的特征"。

能将"个体"和"普遍"合二为一，这十分完美地表现出了"老圣人"的智慧。与其说这个"老圣人"的形象要与科学共存，还不如说我们所需要的是它对科学的弥补，而且应该说是非常必要的弥补。

此外，在《老子》第21章有这么一段话，"惚兮恍兮，其中有象；恍兮惚兮，其中有物"。本来用来表现"老圣人"风貌的"恍惚"一词，在今天的日本，特别是在有吉佐和子小说的影响下，已经变成"痴呆"的代言词了。这个现象，也是我们这个社会越来越无法理解的、"老圣人"本质的象征性表现。

与老子形象相关,仙人下棋,也是中国老圣人的形象之一。我们可以在大室幹雄的《围棋的民俗学》[5]一书中,看到这类图像的丰富资料。遗憾的是,我们在此并不能作详尽介绍。此书在着重阐明老圣人与童子之间的密切关联这一点上,非常耐人寻味。在书中,你可以看到具有老人智慧的童子,同时也可以看到充满童心的老人。言下之意,老圣人是含有童子性格的。可以兴致勃勃地下整整一天棋,这不是天真烂漫的童心吗?而那围棋中一个个的石子,是与世界万物紧紧相连的。

说到老圣人下围棋的象征形象,顺便介绍一个跟围棋有关的现代老人的故事。一位男子曾接受别人忠告说,年纪大了没有个爱好不行,故退休前决定学下围棋。下棋水平竿头日上,老人对围棋也到了如痴如醉的程度。他退休后参加围棋俱乐部活动,很快成为有级别的棋手,也越来越热衷于下棋了。可在近七十岁时,他得了老年忧郁症。棋友热心招呼他下棋,希望对其病情能有帮助,他却兴味索然。孩子和亲戚们为鼓励他,买到他向往已久的棋盘,作为其七十岁生日礼物,他却太在意大家的费心,结果忧郁的症状却更加严重了。

这样的例子告诉我们,年老后要有自己的兴趣爱好这样的普通道理,其实也不一定永远有效。有兴趣爱好当然是好事。即使仅以此来消磨时间也很值得。可若想在本质上起作用,必须理清自己的兴趣爱好与个人"神话"之间的关系。关于围棋的话题,要将围棋与《围棋的民俗学》一书所提到的、那种本来意义上的"游戏"的境界相连,才能琢磨到老人神话的感觉。下围棋若仅在乎胜负,随着年纪增加,当发现自己的思考力下降时,有时甚至会突然感到烦躁,其结果对老年生活并没有帮助。单有兴趣并不够,还要领悟到一定的方法。

如果能达到"个体"与"普遍"相连的境地,下围棋也好,种盆景也好,其作用与传统社会"太阳运行"的神话应是等同的。

三、死后的生命

我们曾谈及,年迈便象征着接近生命周期的完成。除了将死看成老人的终结之外,也可以将死看成另一个世界的入口和开端。世界上有很多宗教热衷于讨论死后世界、讨论复活与再生,这是因为它们想对死后生命的存在,给出一个令人信服的解答。如果不将死看成最后的终结,而理解为另一种生命的入口的话,大家当然会更容易接受老和死这个事实。然而,现代人不会如古人那样简单地相信天堂和地狱这种死后世界的存在。

1. 濒死体验

现在有人主张,"死后的生命"并不仅是神话,而是科学。日本人非常熟悉的库伯勒-罗斯(Kubler-Ross)即是这一思想的代表人物。库伯勒-罗斯的工作,是对那些患有不治之症的病人提供临终关怀的服务。她对自己的工作十分钻研,而且通过积累工作中的经验,开始确信死后生命的存在。库伯勒-罗斯非常自信地说:"我并不是相信死后生命的存在,而是作为一个科学工作者,理解了死后生命的存在。"[6]也就是说,她主张自己并不是相信了某个神话,而是在科学中认识到了某个事实。我们暂且不论她的这个观点究竟是否妥当,先来简单讨论一下,她为什么会有这样的主张。

最近心脏复苏术得到了急速发展,也是一个原因。现在经常出现一度被认为"死去"而又苏醒了过来的情况,而谈论自己这种体会的人也在增加。这种体验被称为濒死体验(near death experience)。精神科医师雷蒙德·穆迪(Raymond Moody)曾对此进行过很多研究[7]。他指出,在人们的这些濒死体验的报告中,其实有许多的共通点。在第一章我们也曾提及,简单地说,这时的人会灵魂出窍,站在自己的身体之外,注视自己即将死去的身躯。此时,之前死去的亲戚朋友前来迎接自己,会产生一种非常温暖的感受,看到被称为"光的生命"景象。据说很多人,在这一瞬间会想起自己一生的经历。

罗斯有很多机会能听到这些濒死体验的故事。她周围那些即将离世的病人,经常会告诉她,就在刚才自己的已故亲人前来迎接自己了这样的故事。这里我们暂且不详细介绍罗斯所接触到的这些故事,可正是这些故事,使她开始主张死后生命的存在。

罗斯是一位医生。很多人了解到她的主张后,指责这个曾接受过医学科学教育的人,竟然在谈论灵魂问题。还有些人则更极端地认为,或许她是精神上出毛病了。

笔者认为,穆迪与罗斯所报告的事实确实存在。依照笔者本人很有限的经验而谈,也对这些主张多有同感。但如果仅仅从这些事实出发,到论证存在"死后生命"之间,是存在着理论上的跳跃的。现代科学确实还无法说明人濒死状态的意识,以及那些不可思议的直觉。然而,笔者认为,对仅仅因为存在着这些不可思议的意识状态,以及当处于这种意识状态时,可以感受到有死后生命那样的存在,就断定确实存在死后生命这一点,我们应该持保留态度[8]。

这里有一个事实我们也必须承认。那就是,那些经过了濒死体验的人,不再对死有所恐惧了。死在他们心里有了恰当的位置,并且被完全接受了。这实在令人高兴。对死后生命多少有些了解的这种确信,给了他们极大的安心感。

由此看来,我们必须承认的是,虽然"死后生命"并未在科学上得到证实,可即便只把它当成自己的神话智慧来看,对在如何接受年老、死亡这个问题上,也无疑是有帮助的。另外,濒死体验的那些经历,对我们在如何摸索有关死亡的神话知识及智慧上,也会有一定的启发作用。

2. 迎接死亡

要真正接受年老,我们必须先要接受死亡这一现实。老年神话学和死亡的神话学是密切相关的。

前文已经介绍了荣格的一些学说。荣格自己迎接死亡的方式与他的学问是吻合的[9]。他在自己要接近死亡的那段时间里,曾做了一个梦。"我在梦里见到了'在阳光下闪烁着光芒的另一个伯林根'。接着有个声音说,这里入住准备已经完成,随时可入居。在较远处朝下的方向,有个小狼獾(黄鼠狼的一种)的妈妈,正在让孩子跳到河里,然后教他怎么游泳。"我们需要对这里的"另一个伯林根"作一下说明。荣格在苏黎世湖畔的伯林根地区,曾为自己打造了一个独具特色的"城堡"。他时常远离繁杂的日常生活,来此隐居,冥想。这里是他精神上的乐园。在梦里,他得知在"另一个世界"里的另一个"伯林根"已准备就绪了,这使他意识到自己正在接近死亡。也许有人会说,梦也能做得这么合乎人意吗? 当然,冰冻三尺非一日之寒,如果没有长期的修身养性,断然不会得到这样的梦境。我们为了迎接自己的死亡,需要精进不休的努力和心理准备。梦中所出现的"另一个伯林根"给人留下了很深的印象。也就是说,荣格生前在伯林根的努力,同时也成为他死后居住地的一种准备。

在日本历史上,也曾有人有过类似荣格那样的梦,他断定"此梦是死的预言,是死亡之梦",所以梦后便着手准备,迎接自己的死。此人便是镰仓时代的名僧明惠上人

（1173—1232）。明惠上人是当时那个时代，把自己一生的梦如数记录下来的、可数的几人之一。他是那个时代无人可取代的、最受尊敬的一个僧人[10]。据说当时人们相信，这位明慧上人死后会变成佛土兜率天的人。兜率天被认为是弥勒菩萨生活和说教之地。我们引用《梅尾明慧上人传记》[11]，来看一下明慧的"死亡之梦"。

> 上人在梦里看见，大海边上耸立着一块巨大的磐石，周围是花草茂盛的大美之地。充满神力的磐石，面对着大海，与大海相依共存。明慧上人将这块方圆十里的好景，移到了自己的住所旁。

明慧上人从梦中悟出现世与来世的因果关联，断定这是"死亡之梦"。如果说荣格热衷于他的伯林根之"城"的话，那明慧上人则热爱"自然"，擅壑专丘。我们可以感觉到，他年轻时在和歌山白上峰的生活，正符合他梦中所见的那种与自然融为一体的情景。他将所见的自然风光割取出来，嫁接到了自己住所的旁边。

荣格和明慧上人同样，都通过从梦中所得到的神话智慧，看到了自己"死后的住所"。两人的另一个共通点在于，这些所得所见均与他们的个人生活经验深切相关，并不只拘泥于基督教或佛教教义。他们从这种死后生命的神话中得到了鼓励，使自己人生最后一段路程，仍悠然自得，阳光普照。

　　为晚年而积极储蓄确实重要,然而我们应该觉悟到,安度晚年的准备不仅局限在经济方面,我们所谈的这些心理上、精神上的准备也至关重要。

注:

　　（1）ァニエラ・ヤッフエ編、河合隼雄/藤縄昭/出井淑子訳『ユング自伝　思い出・夢・思想』2、みすず書房、一九七三年。

　　（2）藤村久和『アイヌ、神々と生きる人々』福武書房、一九八五年。

　　（3）中村雄二郎『哲学の現在』岩波書房、一九七七年。

　　（4）福永光司『老子』上、朝日新聞社、一九七八年。

　　（5）大室幹雄『囲碁の民話学』せりか書房、一九七七年。

　　（6）キュブラー・ロス、秋山剛/早川東作訳『新・死ぬ瞬間』読売新聞社、一九八五年。

　　（7）レイモンド・ムーディ、中山善之訳『かいまみた死後の世界』評論社、一九七七年。

　　（8）この点に関する筆者の意見の詳細については、下記を参照されたい。　河合隼雄『宗教と科学の接点』岩波書房、一九八六年。

　　（9）ユングの死および次に紹介した夢については下記を参照されたい。　河合隼雄『ユングの生涯』第三文明社、一九七八年。

　　（10）明惠の生涯および、その「夢記」の解釈については、河合隼雄『明惠　夢を生きる』京都松柏社、一九八七年、を参照されたい。

　　（11）久保田淳/山口明穂校注『明惠上人集』岩波書店、一九八一年。

第四章　老夫妇的世界

一、老年夫妇

由于人的寿命不断增长,生活中老夫妇的人数也急速增加。那么,老夫妇们生活在一个怎样的"世界"里呢?我作为心理咨询师,对一些"特殊"的老夫妇有所了解。为了增加对"普通"老夫妇们的理解,我曾试图通过文学和其他的文献进行了解,结果意外地发现,其中对"老夫妇世界"的描写很少。在文学上虽然有许多名著描写了迈入老年和老人的生活,如谷崎的《键》《疯癫老人日记》、伊藤整的《变容》等,可其中对老夫妇却没有多少描述。笔者认为这种现象反映出了"老夫妇世界"这个课题的难度。今天既然遇到了这个课题,笔者在此谈谈自己的看法。

1. 高砂

结婚典礼时,我们常常可以听到或看到能剧《高砂》的曲调或表演。大家认为背靠松树站在一起的老叟、老媪形象,是祝愿新婚夫妇白头偕老最吉祥的象征。人们借此来表达一种期待,愿新人如《高砂》曲目里的两位老人那样白头偕老。

夫妇恩爱,厮守到老,过去被认为极其不易,是件值得庆贺的大事。但最近金婚却变得不那么稀奇了。还有一点遗憾的是,这些事现在其实并不像从前那么"喜庆"了。话说得直接一些,以前只要长寿,便是活得精彩,便能受到尊敬。现在,由于医学的发展和其他一些有利条件,人的寿命借助外在力量得以延长。过去,在精神和身体上要付出辛苦努力才能生存下来的状况下,夫妇两人都长寿本身就是一件非常得体、值得庆贺的事情。科学及社会福利的发展使人的寿命得到延长,这本身是非常值得高兴的事情,可它同时也带来了新问题。

羽田澄子导演通过《痴呆性老人的世界》这部影片,在老人问题上给了我们很多启示,同时也使人感到锥心刺骨⁽¹⁾。她曾讲述过一些老妇人的故事。这些老妇人在患老年痴呆症之后,只记得自己的娘家,而不记得婚后自己的家。她们身处自己家,却以为是住在别人家,在打算回娘家前,会很有礼貌地说"不好意思打搅了""我现在要回家了"。羽田澄子指出,"这些老妇人自出嫁之后,照顾丈夫,养育孩子,长年以来自然早已成为一家之主。尽管如此,在上了年纪,不幸患上痴呆症时,眼前所浮现出来的'家'却不是自己结婚之后的家,而是婚前和父母、兄弟姐妹生活在一起时的幼儿时的那个家"。这些情况使我们注意到,仅用"老人年轻时记忆更鲜明",或是"女性是嫁到别人家去的"话等解释这种现象,并不能令人心服口服。

在给病人进行"梦境分析"时,我们会碰到与此十分相近的情况。无论男女,在述说自己的梦境时,在谈到"我们家"时,指的常常不是婚后那个结婚生子、共同生活了很多年后的家,而是婚前自己儿时的家。我们经常能看到的场面是,当患者们说到这里才突然醒悟到什么,然后就会由衷地感叹:"难道我没有把自己生活了多年的又是现在自己正住着的家,当成'自己的家'吗?"这也就是说,日本人无论男女,仅仅把自己儿时的家看成"自己的家"的意识是很强的。这里之所以特别说明日本人,是因为意识到了欧美人的存在。就这一点来说,日本和欧美文化之间是有天壤之别的。

总之,相比较而言,日本人的夫妻关系,比子女关系或同胞关系要淡得多。即使在一起生活多年的夫妻关系,比子女、同胞关系也要脆弱很多。比如,在安达生恒的著作[2]里,虽然对人口稀少地区的老人生活有许多生动的描写,但其中却不见对"老夫妇"的生活情景的描写。他仅在书中一处对老夫妇进行了描写。六十八岁的丈夫,把自己干农活以外所有的精力,都用在绘画及雕刻上。他六十四岁的太太从不沾手农活,只热衷于种花。院子里种植了许多花卉。通过这个故事,我们虽然看到了理想老夫妻的形象,却并没看到他们之间的关系。似乎这对夫妻生活在不同的世界里,他们之间的关系并未成为作者的议论话题。那么,老夫妇的关系这个问题究竟如何呢?

2. 丈夫"衣食不自理",妻子"手脚并用,应接不暇"

每当考虑到老夫妇的关系问题时,常常会令人联想到"衣食不自理"和"应接不暇"两个说法,这是关于老年夫妇的——在谈到消极方面的情况时——讨论中常常用到的。

老年女性之间，在谈论和谴责自己的丈夫时，用词中常会有他太过于"依赖"自己，让人"难以忍受"这样的表现方式。她们抱怨道，老头本人的事，无论巨细均"依赖"自己，实在应接不暇，让人不胜其烦。有时候同样的话里，又带有一层非常微妙的不同感觉。虽然一边说烦，一边又流露出很自豪的一面。那就是作为一个妻子，自己已经完全成了丈夫的支柱的那种骄傲。

另外，如果我们观察一下这些老年男性的话就可以发现，确实可以看到许多本来完全不需要靠别人，却非常依赖妻子的例子。别说他们会感觉依赖妻子有什么不好了，其实他们认为自己的地位高于妻子，妻子伺候自己理所当然。在很多情况下他们并不知道，妻子在外边到处指责他们这些依赖人的丈夫，当然也不知道妻子常在心里取笑他们了。

不过最近，女性对男性的这种依赖习惯，突然开始采取拒绝的态度，高龄者离婚的事例也增加了。我们从最近许多事例中看到，男人们也发现了这个变化，并出现了危机感。他们怕失去依靠而向妻子作出大幅度让步，表示从此服从妻子，希望能继续受到以往那样的照顾。这些男人，其实已经完全丧失了独立生活的能力。他们在生活上不能自理这个方面，甚至与幼儿毫无二致。

相对来说，老年男性抱怨自己妻子的事例较少。当然恐怕其中的一个原因是，有人觉得喋喋不休的抱怨，有失男子汉气概。还有一种情况便是，就算想抱怨，也不堪言状。自己对自己的现状并不满意，可又说不出口。这样，当被别人认为自己过得还"不错"的时候，便更是有口难言。有很多日本的老年男性由此变得沉默寡言。

如果老年男性在别人面前对自己的处境有所抱怨，那不是又要被说成是"被管住了"吗？在别人眼里被照顾得舒舒服服、稳稳妥妥的，可实际上是完全被妻子"管住了"。这不是连手脚都失去自由的笼中之鸟了吗？这种情况真让人觉得难以名状，好在文学作品中有些很恰当的故事，我们在下一节会详细介绍。

夫妻之间一方是"衣食不自理，完全依赖"，另一方是"手脚并用，应接不暇"，让人烦天恼地。随着烦恼不断加剧，夫妻关系会迅速疏远。即使夫妇在一起生活，却同床异梦，貌合神离，没有心灵上的交流。这种情况下的夫妇，与那些只是仅仅感到陷入"衣食不能自理"，或忙得"手脚并用，应接不暇"状态的夫妇相比，更为悲惨。不过，当然也有在这种生活方式"确立"后，夫妇双方都能够在他们各自的精神世界里自得其乐的例子。这种情况并无大碍，也可以被视为老夫妇的生活方式之一。只是，周围的人仍会对两人之间的那种清锅冷灶的状态而痛心。

有些功成名就的人，老年后却陷入了寒冷的夫妻关系的煎熬，这让人痛心疾首。他为社会、为自己心目中的家人曾呕心沥血，付出了朝夕不倦的努力。到了晚年，作为这种努力的代价，却是不得不生活在一个毫无温暖的家庭里，这个结局实在令人心酸。然而，细想一下，他在工作上的努力及事业上的作为，对建立一个良好的夫妻关系来说，都是毫无意义的。这样，从某种意义上说，他悲凉的晚年生活也是一个必然结局。夫妻问题，有时候从表面上看，似乎是一方的责任，可若深加考虑，其实几乎在任何情况下，都应该是夫妻双方的责任。

说到"依赖"，眼前出现的第一印象往往是女性依赖男性。在20年纪之前也许真是如此。然后，上了年纪之后如果情况仍然不变的话，男性这边大多不会有什么哀叹吧。这和人们想象之中的、一般的男女之间的关系相差不多，这种依赖也不会很出格。与此相反，男性对女性的依赖更多的是无意识的，这正是女性发牢骚的主要原因。

二、文学作品中的老夫妇

如前所述，文学作品中对老夫妇的描写不多，即使是提到了，也多是在讨论老人问题时附带提一下而已。

鹤见俊辅曾对永井龙男的作品《朝雾》进行过评论，这是所能见到的少数评论中的一个例子[3]。另外，鹤见俊辅在这篇论文中说，"我建议大家在讨论社会史或个人史时，心里最好揣着一个公式，就是包括毁灭的'混沌—秩序—混沌'的公式"。笔者在考虑老人问题时，脑中经常会浮现出这些话。

1. 棉坎肩儿和狗

在安冈章太郎的短篇小说《棉坎肩儿和狗》里，一对老夫妇的形象被描写得十分传神[4]。这个作品描写的是，信太撮合父亲再婚后，去父亲新家访问的情景。

信太进去后发现家里坐着一个"打扮得异乎寻常干净利索的、有些怪模怪样的人"。继母看到信太后，表现出一种过分的高兴，大喊道："啊，老爷子，老爷子，信太来了！"

父亲的脸色从来没这么好过，满面红光。头发也梳剪得整整齐齐的，朝后边拢着。刚再婚没多久的父亲，却像是换了个人似的。

接着，信太又接二连三地发现了许多新鲜事。父亲把以前从不肯让别人沾手的活——养鸟一事交给妻子做了。父亲一反以前满身泥土的样子，穿着十分整齐。更让人惊讶的是，他身上穿了一件棉坎肩儿。棉坎肩儿是父亲老家的说法，就是没有袖子的那种棉背心。父亲和他的父亲都特别讨厌这种棉背心，过去从没见他穿过。而且，继母说起棉背心时用人格化敬语去称呼，更让信太倍感不自在。看着身穿棉背心的父亲，信太真觉得他像是一个"粗重的动物慢慢爬了起来——怎么看都觉得奇奇怪怪的，很不自然"。

继母一直跟一条养了18年的狗生活在一起。继母常兴致勃勃地跟信太聊着这条狗，信太一边听一边忍不住想到，现在的父亲倒真像是一条老态龙钟的狗呢。

这并不是说继母对父亲有何照顾不周，其实恰恰相反。

当父亲表现出犯困的时候,继母马上会应道:"啊呀,是想睡觉了吧?"然后就从被橱里,把枕头和棉睡衣什么的拿出来,帮父亲穿上。真说得上是体贴入微,"完全像是伺候病人"似的。

继母十分悉心地照料她自己的丈夫,可以说竭尽全力了。可不知为什么,信太看着这些,心里却感到烦躁,极不痛快。书中有一段描写,活灵活现地表现了这种心情:"我们坐在被炉桌里,听继母聊着她的狗。听着听着,我便不可自拔地进入一种幻觉,感觉到父亲成了继母养的一条狗。父亲默默无言的脸盘,真好像是一只老塞特犬的脸呢。"

信太很想找机会,把自己内心的一腔"无名之火"朝继母发一通。可眼前出现老夫妇坐在早餐桌前的情景时,他哑口无言了。

"父亲穿着那件棉背心,继母把一个类似围兜的东西给他戴上,系上脖后的带子。待在一边的那条智利小狗,十分羡慕地仰头看着他们。这时,一束朝阳从两人背后射过来,虽然这光景只停留了一瞬间,却显现出了一幅类似宗教画那样强有力的壮丽构图。这已不是外来力量能摧毁的存在了。"

这是用"依赖"或者"应接不暇"等人间词话不能表现的一种"宗教画那样的强有力的壮丽构图"。对此,信太和父亲唯一能做的也只能是沉默而已。

其实,在安冈章太郎所描写的这对夫妇的身上,凸显出了日本许多家庭存在的问题。而这里通过宗教画所表现出来的，则是一种深深扎根于日本传统文化中的，甚至可以被看成类似于宗教的一种排山倒海的力量。他的描写也如实地表现出了，这座大山是多么沉重地压在日本人的身上。

安冈章太郎的另一个作品《海边景象》⁽⁵⁾，写的也是老夫妇的故事。这里我们不作详细介绍。一个丈夫无意间对妻子过分依赖，给妻子造成了巨大的压力，导致妻子患上了精神障碍病症。作者描写了丈夫去医院探望病危妻子时的情景。看着这位守护着濒死妻子的丈夫，故事的主人公，回想起了父母之间关系的往事。这位丈夫为自己家人的生活尽了很大的努力，同时他在家里也相当耀武扬威。他无意之间在生活上对妻子过分的、超过极限的依赖，使妻子在精神方面出现了病状。

读了这些小说，我一方面非常钦佩小说家在描写日本人的夫妻关系时，能如此善于抓住本质，切入要害，另一方面也产生了一个疑问，日本的老夫妇为什么会走到这一步？另外值得考虑的一点是，在日本，人际关系的根本模式是母子关系，即使是人到老年也摆脱不了这种关系，甚至会陷得更深。

正如《棉坎肩儿和狗》一书所描写的那样，丈夫们上了年纪之后，便从一个丈夫变成了妻子的儿子，开始默默地接受她那从头到脚、精细入微的照顾。而她自己则会非常自豪地告诉别人"他变得干净利索多了，都快认不出来了吧"。

她这么说也不会遭到任何反对，大家只会对她赞不绝口，赞扬她是一个如此称职的妻子。可实际上，在她过分的照顾下，丈夫作为一个成人的人格却被忽视了。一个丈夫的形象，竟然能变成如信太所幻想的那么奇怪，"父亲被继母养成了一条狗"。而"棉坎肩儿"甚至可以被想象成是一种能让老人变成孩子的魔性坎肩儿。

"母—子"模式，说的并不只是使老年男性变成儿子，而是使老年男女都扮演着孩童角色。而周围的人——包括老人的孩子们——则扮演母亲的角色。他们形式上是在照顾老人，可实际结果却是剥夺了老人的自由。有些对此事较敏感的老人，虽然心里不痛快，可不管怎么说，在旁观者看来总是件值得感谢的事，所以也很难找到合适的言辞，来表示自己本不情愿的心情。久而久之，这种不情愿，则表现为恶言恶语或暴力的形式了。这种表现与儿童在家里以恶言恶语或暴力来反对家长的束缚很接近。结果则变成，子女们对你如此关爱，你却反以恶语相应。如此这般，"痴呆症"这顶难以脱却的帽子便扣到老人的头上。类似的例子很多。这些属于老夫妇的话题之外的问题，就此打住。

"母—子"模式在日本是非常强势的，人们难以逃离其束缚。"母—子"关系的模式本来是无可非议的，问题是日本社会的人与人之间的其他关系，也都在巧妙地利用这种母子关系的模式。老夫妇之间，如果巧妙地利用这种母子关系，又能合适地顺从、处理这种关系的话，当然也会过得很愉快。在这种情况下,夫妇的某一方有必要在一定程度上,有意识地把握好这种关系,让彼此分别演好母亲和儿子的角色,就可以乐在其中,当然最好还能留有一些可以时不时离开自己角色的余地。

2. 孙辈

安冈章太郎的上述作品,准确地描写了日本老夫妇较消极的一面,使人黯然。夫妇共同步入晚年,携手走到风烛之年,途中确实会碰到许多艰难和灰暗。而孙辈的存在,则给老人的生活带来了很多积极因素。孙辈和祖父母(外祖父母)之间的关系,也许可以说是儿童文学中的一个热门主题。

在《しぶちん変奏曲》[6]一书的登场人物里,有一对让人非常痛心的老夫妇。一位上了年纪的丈夫身为养子,出于责任感,为能攒有一些积蓄,在长年的生活中,养成了十分节俭的性格。他为此而被妻儿嫌弃,过着独居一处的生活。最后,他生病住院,可最终因担心遗产上的事,而违反了医院的规定擅自离开了医院。结果病情恶化而病死在家中。笔者并不打算在此对作品本身作任何评论,只是对书中的作者后记印象十分深刻。据《しぶちん変奏曲》的后记记述,当作者听了一位老大爷的故事后,"心像是被针扎一样疼痛"。笔者猜想,由于他的"抠儿门"而成为孤家寡人,这也许是一个孤独而死的老人故事吧。

作者被这个灰暗的故事打动,在将这个故事写成一个儿童作品的构思中,作品主人公的两个孙子的形象便诞生了。当然这个作品,并不是那类适合于儿童阅读的幸福美满类型的故事。当时只是为了把一个凄凉的故事变得丰富多彩一些,为了找到这种感觉,"孙子"的出场便成了必然条件。孙辈们的天真活泼,渐渐给分居中的老人的生活带来了一些色彩。对笔者来说印象最为深刻的是,当小说作者被这个凄凉的故事打动,在进一步思考这一对处于分居状态,又面对生死离别的老夫妇的生活意义时,脑中自然出现了两个孙子的形象。孙子的存在,原来对老夫妇的生活方式有着如此举足轻重的影响。

在《老爷爷,老奶奶》这本图画书里(埃尔斯·霍姆伦德·米纳里克[Else Holmelund Minarik]著,莫里斯·伯纳德·桑达克[Maurice Bernard Sendak]画)[7],直接出现了"孙子来了开心,走了安心"的画面。祖父母(外祖父母)和孙辈一起读这本书的话,效果会非常好。书中非常幽默地描写了祖父母(外祖父母)和孙辈之间其乐融融的交流场面。

有一天,小熊去看爷爷奶奶。小熊非常喜欢去看爷爷奶奶。小孙子的出现,会使爷爷奶奶忽然间变得精神焕发。奶奶总是赶忙起身去做孙子最爱吃的蛋糕。小熊总是一边吃一边担心地问"我吃太多了吧?"奶奶就安慰他"那怎么会呢!"让小熊立刻就能打消担心的念头。

爷爷每每兴高采烈地、变着法儿地跟孙子玩游戏。小熊会想起爸爸曾关照过的话,"爸爸说过,可不能让爷爷累着","放心,怎么会累着呢",爷爷精神百倍。可这么玩儿着,爷爷很快就会打起盹儿来的。

小熊也很喜欢听祖父母讲故事,父母来接他的时候,他嘴上一边说着不累,一边却总是在回家的路上就睡着了。父母只能抱着小熊走回家。这正是"孙子来了开心,走了安心"啊! 这个作品非常真实地反映了,孙辈对于老夫妇来说是一种多么活泼向上的存在。我读着这个作品而担心及所产生的疑问是,此书是早在1961年出版的,书中所描写的祖孙之间那样的内心交流,在现在社会里还会继续吗? 另外,此书的主人公是一个小熊,也就是说,这样温暖的关系在动物世界里还存在着,那么,人间世界里究竟是否也存在着这种温暖呢? 至少,生活在现代社会的人们,不能输给小熊的世界。我们应该努力让祖父母和孙辈之间的交流继续下去。

在一些杰出的儿童文学作品里,老人和儿童同时出现的场景是比较多见的,关于这一点我们将在下一章里讨论。尽管在儿童作品里老人确实常常出现,并扮演重要角色,可在作品里看见"老夫妇"的机会却不多。虽说如此,这一类著书我自己其实读得并不太多。仅限于一些我自己读过的作品,给我较深印象的是菲莉帕·皮尔斯(Philippa Pearce)的《这么小的一只狗》(A Dog So Small)[8] 和克里斯蒂娜·内斯特林格(Christine Nostlinger)的《那年的春天来得格外早》[9]两书里所出现的老夫妇形象。这两本书写得都很精彩,两本书的主人公分别是少年和少女,他们的祖父母都在书中扮演重要角色,书中所见老夫妇之间关系也十分耐人寻味。

西方老夫妇与日本老夫妇有所不同的是,西方老夫妇即使是上了年纪,也仍具有完整、独立的人格。他们的相互关系,他们的爱憎,是以各自独立的主张和思考为前提的。有时,两人之间也会出现强弱关系,甚至会有较强的一方控制另一方的感觉。此外,当我们看到老夫妇们手拉手散步时,实在让人喜不自禁。

《这么小的一只狗》一书中少年主人公的祖父母、《那年的春天来得格外早》一书中少女主人公的祖父母分别出场。两个故事的情节都非常好,遗憾的是在此我们割爱不作详细解说,只重点看一下老夫妇的形象。两对老夫妇之间有一些共通点,比如双方的祖母都有着比较能动、积极的性格,而祖父则都有言听计从——当然祖父本人也有自己的世界——的特点。问题是,仅从两个作品的老夫妇的形象里,能否找出普遍性呢? 笔者认为这里确实存在着普遍性。一般说来,男人活在自己的"事业"中,离开自己的职业回到家这个"世界"以后,便很难找回自己的能动性。而对于女性来说,即使到了老年,她仍继续生存在自己以往的"世界"里。这样,无论如何她也会更积极主动。因为对她来说,只是一如既往地在继续着自己的"工作"。

在这两个作品里,两个祖母对孙辈都比较严格,常教育他们该如何面对现实生活的严峻,而祖父则都更偏重去理解和接受孩子们自己的愿望和理想,祖父母的这个共通点也令人深思。夫妇之间时常有不由自主地互助互补这个倾向。当其中一方有某些主张时,另一方会自然而然地给予一些帮助。这种情况很常见,当然也不一定总是祖母唱白脸,祖父唱红脸。尽管男性有职位时会表现得很严格,可到退休后,特别是开始面对他们的孙辈时,则会一下子变得过分纵容。祖母的严格态度,从某种意义上来说是必需的,也可以说是对祖父过分爱护的一种弥补吧。

实际上这种互补,若如前两个故事里所描写的,能配合得体的话,将会起到非常良好的效果。但如果祖父母争着去宠爱自己的孙辈孩子的话,反而会使孩子的父母很为难。

在《这么小的一只狗》的故事里,家里事无巨细皆由祖母说了算。祖父则会趁祖母不注意时,悄悄地往自己的红茶里多放一勺糖之类的事件,似乎在用这些机会来维护自己的自由世界。有一次主人公小平要过生日了,得知祖父母给自己的生日礼物会是一条小狗,小平非常期待。平日里祖父母察觉到,由于小平在兄弟姐妹中排行居中,跟别的孩子玩不到一起,看上去总是比较孤独,便想送他一条小狗。可在答应他后却发现买狗的价格太高,另外还得知小平家所住的小区并不能养狗。思来想去,没别的办法,最后在生日那天送了他一张小狗的画像。

小平灰心丧气,伤心得连话都说不出来了。在礼物里附有祖父母给他的一封信。以前祖父母给小平写信时,祖母字虽然写得好,可是因为手抖,每次都由祖母把信的内容念给祖父听,祖父边听边写,然后由祖母检查拼写是否有错,最后签了字,寄给小平。这次的信呢,在祖母签字以后,祖父又加写了几行字。这几行字里还留有拼写错误,由此看来,这一定是祖父趁祖母没看见时——就像自说自话地往自己红茶里放红糖那样——悄悄地加上去的。

在信的最后爷爷加上的一句话是:"买小狗的事,原谅爷爷奶奶好吗?"小平生日没得到小狗,而只得到小狗的画像,原本他怒火中烧,决定一辈子也不去爷爷奶奶家了。可是看了信里最后几句带有错别字的话,气消了好多。奶奶的教育方式是,清清楚楚地给小平讲事实摆道理,买狗实在太贵了,而且住的公寓又不允许养狗。而爷爷的教育方式,则是避开奶奶的严厉目光,跟小平说几句悄悄话,交交心。小平是在祖父母的两种不同方式的爱护及两种爱的相互作用下长大的。读者们可通过原著去了解故事的经过。这里我们可以体会到,故事中所描写的老夫妇之间,以孙子为媒介得到了两者心灵交流的平台。

不过,故事里的祖父并不是百分之百服从祖母的。尽管有些躲躲闪闪,但该坚持自己的主张时祖父就跟妻子明说。这与我们前面介绍的日本老年男性的"绝对服从",还是根本不同的。这里老年夫妇的关系,明显表现出了一对一、保持着自己个性的关系。

三、新课题

夫妇双方作为独立的人,各自拥有自己的世界。我们的新课题是,两人应该如何,又是在怎样的程度上拥有两人的共同世界。这需要一定的努力。由于人的寿命的增加,我们现代人便肩负起思考这个问题的责任。以前,人活到一定时期,就要去天国了。最近由于医学的发展,去天国的时间也被推迟了。而被忽视的问题是,能力衰退的老人们该如何处理及对待寿命延长所带来的困难。如果不充分注意这个问题,就会出现表面上看,被人照顾得十分周全,实际上则如安冈章太郎小说里所写到的那样,是被套上"棉坎肩儿"的圆滚滚的老人,像动物似的圈在那儿被喂养着。在各种营养剂、器具的帮助下,他们像植物一样活着,被饲养着。作为一个人生活着,同时拥有一个理想的老年夫妇的世界,谈何容易!关于这一点的探讨,就此打住。我们继续下一步的讨论。

1. 秘密

精神科医师大桥一惠,曾通过自己所接触到的各种老人,对老人问题进行过讨论[10]。虽然这本书也没有多少篇幅写到老夫妇,可书中有一个非常引人注目的话题。一位七十岁的妇女,来看病时告诉心理医生"自己在五十年前曾伤过别人的心,直到最近才有被人责备的感觉"。原来,五十年前,在她刚完婚后,一味地以为有人在背后议论自己。

于是,她便给邻居写了一封非常失礼的匿名信。后来此事也不了了之。之后,虽然这成了她自己的秘密,可每次想起来时,她始终很后悔也很自责。到了七十岁,后悔和不安越来越严重,并感到抑郁,所以来找心理医生。在治疗的过程中,在医生的建议下,她第一次向丈夫倾吐了自己的秘密。用她本人的话说,丈夫"不仅听了自己的故事,同时自己也借此机会听了丈夫内心的烦恼"。她还说"之前虽然同样是夫妇关系,可各自内心的痛苦却一直是分别由自己承担着的"。在这之后,她的病便痊愈了。

一个例子虽然不能简单地得出什么结论,然而,这对七十岁左右的老夫妇之间发生的故事却让人十分感动。婚后五十年,妻子向丈夫吐露了内心的秘密。丈夫则除了聆听之外,也向妻子诉说了自己的苦恼。妻子由此感悟到"虽说是夫妇,却仍是各自在承受各自苦恼的两个人"。她同时也感到,尽管夫妻分别是不同的个体,却是可以做到心心相印的。

夫妻双方虽然可以做到互相协助,可也许做到真正互相理解却很难。两人携手共度人生时,即使一个人能清楚地意识到自己的人生目标,也知道该如何努力,却不一定能真正地理解对方的感受和想法。"一心同体"很容易被浅显地理解为,自己痛苦时对方也痛苦,自己高兴时对方也开心。一般人们很少从根本上去理解对方苦乐的原因,也很少会思考自己与对方在人生观上有些什么本质上的不同吧。

在这个例子里,夫妇相互扶持着走过人生的岁月里,丈夫完全没有发现妻子始终悄悄地背负着这样一个痛苦的包袱在生活,妻子这边也从没有考虑过什么是丈夫真正的痛苦这个问题。

有人看了这个故事之后,认为夫妻之间还是没有秘密好。如果这么想的话则过于随便了。事实上,秘密是非常难于把握的。就这个例子来说,如果这位妻子,是那种轻易向丈夫吐露以上秘密那类人的话,也许他们的夫妻关系早已破裂了。她长年保持着这个秘密,一个人揣摩着、思考着,自己支撑着自己,坚强地走到了今天。公开秘密,是需要等待一个成熟时机的。

关于个人的秘密问题的讨论,我们就此停住。总之,上边的例子说明,即使是七十岁的老夫妇,两人之间也有可能出现新的理解,产生新的关系。如果因为共同生活了五十年,就认为互相已经完全了解了,这种想法是很草率的。男女之间是不可能做到悉数尽知的。

2. 关系的经营

有句话叫"夫妇同心同德"。这句话有时候很有道理,可在考虑当代老夫妇问题时,却可能会失去意义。夫妻之间之所以能长期保持同心同德的共同幻想,是因为他们需要长久地生活在一起。当这个幻想破灭时,确实只有离婚这个解决问题的方法。然而,离婚后再一次寻找与自己同心同德的人，多数是不成功的。夫妻双方，能够在分别拥有不同的世界观的条件下共同生活，是现代社会的一个特点。但是，现在基本上不可能继续保持夫妻同心同德的幻想。

上文所提及的夫妻双方，一方"衣食依赖妻子"，另一方"忙得应接不暇"的模式，如果双方中，有一方是处于无意识状态的话，或许继续保持同心同德的幻想仍有可能。可如果某一方是有意识这么做的话，那么另一方一定会难以忍受。当然，聪明的人能够一边享受着这种关系，一边注意留有一定距离，这样两人也会继续向这个方向走下去。

一对不"同心"的男女要想结伴到老，走到接近死亡的阶段，就要在自己的宇宙观里为对方找到一个恰当的位置，这是一件非常费劲的事情。世界观并不是可以轻易用脑子想出来的，它是与一个人的生活方式，以及所走过来的人生道路相关联的。一对老夫妇所共同拥有的宇宙观的形成，必须从早年就开始做持之以恒的、大量的精力投资。单凭旧时代的夫妻关系或家庭关系，是很难顺利进行的。

如前所述，应该说这与本人事业的成功及社会地位并无关系。当然，如果没有一定的社会地位，年老后也很难拥有一个安心的环境。可是，那些把毕生精力投身于工作，而在夫妻关系上丝毫不下功夫的人，尽管享有很高的社会地位，可到了晚年，在夫妻关系方面所需付出的代价，也将是巨大的。

这个问题并不是可以简单地通过男性在家做家务，女性去外边找工作的方法能够解决的。在这方面的努力与确立良好的夫妻关系之间，并不存在根本性关联。关于这一点，我们在美国的民情中，已见到了答案。丈夫主内、妻子在外边工作，夫妻关系破裂的局面仍继续出现。外部形式是无法改变事物的本质的。

　　我们把结婚看成一种目标的实现，并无条件地认为"白头偕老"是值得庆贺的喜事。我们是否过于美化类似婚姻或夫妇这样的存在了呢？没错，作为人类的一分子，人人肩负着繁衍子孙的使命，结婚自然喜庆。然而，今天在生儿育女结束之后，作为一个独立的个人，还将继续生活三四十年的人，在数量上大大增加了。与从前相比，人们不仅要考虑自己作为人类一员的使命，还要把握好作为一个独立个人的使命。男人和女人，作为独立的个人，只要他们生活在一个屋檐下，要共同走到生命的终点，他们就得重新认真考虑并充分认识到，努力经营好两者关系的必要性。

注：

　　（1）羽田澄子「映画「痴呆性老人の世界」をつくって」、『老いの発見 2 老いのパラダイム』岩波書店、一九八六年、所収。

　　（2）安達生恒「成熟社会のなかの「老い」過疎地の老人たちをめぐって」、『老いの発見 1 老いの人類史』岩波書店、一九八六年、所収。

　　（3）鶴見俊輔『家の中の広場』編集工房ノア、一九八二年。

　　（4）安岡章太郎『ソウタと犬と』、『安岡章太郎集』4、岩波書店、一九八六年。

　　（5）安岡章太郎『海辺の光景』、『安岡章太郎集』5、岩波書店、一九八六年。

　　（6）いずみだまきこ『しぶちん変奏曲』講談社、一九八六年。

　　（7）E・H・ミナリック文、モーリス・ヤンダック絵、まつおか　きょうこ訳『おじいちゃんとおばあちやん』福音館書店、一九八六年。

　　（8）フィリパ・ピアス、猪熊葉子訳『まぼろしの小さい犬』岩波書店、一九八九年。

　　（9）クリスティーネ・ネストリンガー、上田真而子訳『あの年の春は早くきた』岩波書店、一九八四年。

　　（10）大橋一惠「老年期　老いの受容をめぐつて」、『岩波講座　精神の科学6ライフサイクル』岩波書店、一九八三年、所収。

第五章　幻想世界

一、序言

在思考老人问题时,我们来看一看幻想世界里的老人形象是怎样的。在现代社会,老年痴呆已成为一种固定的老人形象了。如今,甚至到了一说老人就联想到痴呆症的程度。我们中间很多人的愿望之一,便是年纪大了别变痴呆。而那些今后有义务照顾老人的人,则一方面很想具体地了解照顾痴呆老人的细节,一方面又为怎么才能躲过照顾痴呆老人而烦恼和焦虑。不管怎么说,老人给人的印象似乎变得都是负面的了。实际果真如此吗?"老了就没用了""老了则变痴呆",现代人的有关老人的一些根深蒂固的观念,是否对这种结果的形成起了推波助澜的作用呢?

本章旨在通过了解幻想世界里的老人形象,来重新评价和彻底改变现代人心目中,有关老人的那些根深蒂固的观念。这里打算介绍三部世界优秀幻想儿童文学作品[1],其中包括娥苏拉·勒瑰恩的《地海战记》系列的三部作品[2],米切尔·恩德的《毛毛》[3]及菲莉帕·皮尔斯的《汤姆的午夜花园》[4],通过这样的方法来展开一些讨论。我们先思考一下现代老人及幻想世界的含义所在。

1. 老人与现代

我们先来看一个非常具体的事例。一个上小学的男孩儿得了尿频症,由母亲带到诊疗所来咨询。尿频症是一种非常频繁地使用卫生间——严重时每隔十分钟一次——的症状。病人家庭环境的大致情况是,开始一家人与祖父母同居,父母对祖父母与孩子之间的相处方式存有不满,费了很大工夫找到了独居住所。结果独居不久,孩子的尿频状况便发生了。在进一步的交谈中,这个很有悟性的母亲,自己说着说着便发现了问题所在。那就是,自己开始以为祖父母在孩子的成长过程中起了"坏影响",可现在意识到事实并非如此。实际上,祖父母在孩子的成长过程中,是起了很多积极作用的。

祖父母有时会半开玩笑地给孩子讲讲古时候狐狸变人的故事。还有,尽管商定好晚饭后不给孩子吃零食的,可祖父仍会悄悄给孩子一点巧克力什么的。其实,在年轻父母看来"不利"于孩子的教育的祖父母,有时候会起很好的作用。比如,对年轻父母过于严厉的态度,祖父母能起到一些缓冲作用;又如,当母亲埋头于自己的工作,对孩子关注较少的时候,祖母能够起到一些代替母亲的作用。这位母亲在完全没意识到这些因素的情况下,与孩子的祖父母别居,兴冲冲地开始执行起自己的教育方针。这时,孩子突然以尿频为信号,向父母发出了警告。

这位母亲很明智,所以下决心也很快。他们经过反复考虑,并没有提出跟祖父母重新同住。而是决定,跟已有些敬而远之的祖父母,想办法增加了些比以前更多的交流机会。这使问题较快得到了解决。

这个小故事促使我们来好好思考一下,现代社会里老人的地位问题。以前曾经有"老人智慧"的说法,无论是在家庭还是在社会中,老人都备受尊敬。难道"老人智慧"只存在于无甚巨大社会变动的传统社会吗?难道老人所熟知的古代传统及古代常识习惯这些"智慧",仅在以"循规蹈矩"为特点的传统社会才会起作用吗?在社会发展日新月异,以高效率不断更新为目标的时代,老人的传统思维则被认为是一种"徒劳"和"障碍",这就是现代社会的老人观。然而,前文所述的小故事,迫使我们对现代的老人观进行一下反省。

提高效率,避免做无用功本身自然重要,可也隐藏着非常危险的一面。提高什么样的效率?无用功指的又是什么?如果不从本质上理清这些问题,结果将非常可怕,甚至有可能会以生命作为代价。在高效率、不做无用功的条件下所培养出的孩子,会是多么的平淡无奇而又缺乏创造性?所谓创造,就是在一般被认为"徒劳无益"中产生的。从这个观点出发,老人这个被随便认为是对现代社会"障碍"的存在,却是可以弥补现代社会缺陷、促使人们对社会进行思考和反省的一种智慧的存在。在被认为是"障碍""徒劳无益"的老人式的思维里,不仅保留了古老的传统知识,同时也包含着深邃的智慧。

2. 幻想的内涵

说到徒劳无益,那么在现代社会里,幻想不也被认为是徒劳的一种吗？说到小学语文课上的民间故事,有些老师认为,在当今的科学时代,让学生由此知道还有这么一个合情不合理的幻想世界,仅这一点,便是有害无利的。这是众多类似想法中的一个比较典型的例子。在此,我并不打算大篇幅地展开对于"幻想"的讨论,只想对持有这种肤浅思想的人指出,事实上,正是在自然科学得到极大发展的西方那片土地上,在他们的民间传说里富有许许多多被称为神奇幻想的童话故事。幻想的世界,孕育了许多科学创造思考的萌芽。

认为幻想是非现实的所以便是无价值的,甚至是有害的想法,与断定人老了便没有任何价值的思想,在急功近利这一点上是相通的。这些想法都表现了现代人那种急于求成的世界观。这就促使我们去重新评价老人世界以及幻想世界的意义,也就是说要对我们现代人的世界观进行一下彻底反省。正如我们下边要谈到的那样,这与幻想世界里老人多能得到高度评价这个特点息息相关。

在讨论幻想,及与其相关的老人形象之际,我们来看一下瑞士心理学家荣格的例子。荣格在讨论如何表现自己的内心世界时,非常重视其中幻想的作用。一个人与外界的关系固然重要,但与自己内心的关系也同样重要。荣格在《荣格自传》[5]里,曾这样叙述了他的梦:

碧蓝的天空,如大海一般。覆盖在天空上的并不是云彩，而是淡茶色的土块。就像蓝蓝的海水不断地从裂开的土块中涌现出来那样，只是这流水却是蓝色的天空。突然，右侧有一个长着翅膀的生物横穿天空飞了过来。我看到的是一个长着公牛犄角的老人。他手里拿着一串钥匙，共有四把。他握着其中一把，就好像是准备去开一把锁似的。他长着一双薄如蝉翼、色彩非常奇特的翅膀。

荣格在这个梦之后，曾画过这个不可思议的老人。此画于荣格辞世后发表。这是一张给人深刻印象的图画。荣格给老人起名叫腓利门，并曾与腓利门在幻想世界里进行过对话。腓利门洞悉世事，循循善诱，看来使荣格受益良多。

这么说似乎有些愚不可及。这和人们说的在写小说时，作者写着写着，书中的人物自己走出来了，按照本来想好的情节写不下去了的情形很相似。当人进入了幻想的深层后，便会与超出自己意识的存在相遇。如果有些人对这种说法很难理解，那么，无论是谁心里都住着一个"老圣人"，这样的说法他们或许能同意。

荣格和心中的"老圣人"交流后，得到了很多智慧。这与荣格幸福的晚年生活，及能安静地迎接自己的辞世这一结果，并非毫无关联。

荣格八十六岁辞世，使人惊讶的是，他著作中比较重要

的一部分,均在七十岁之后完成。他所获得的老人智慧,直
到去世前夕始终十分活跃,充分发挥了作用。

以上这些事,是否能使人体会到幻想在人生中的意义
呢? 还有一点也是与前文相关的,即在读与幻想有关的作
品时,我们可以发现其中常有老人出现,似乎幻想世界更是
老人智慧的用武之地。古代传说中也常有类似的老人登
场,下边重点谈一谈儿童文学里的幻想故事。

二、老人和少年

老人和少年在许多故事里结伴登场。原因之一或许
是,两者所存在的反差更能体现出双方的特征。这个组合
似乎还存在着某些更本质的关系。也许可以说,老人的心
中住着少年,而少年心中,必然有着老人的影子。在双方结
成一对时,则更能使对方得到补充。确实,当老人身上出现
少年那样的调皮风格,或是见到少年眼里闪现出老人似的
智慧光芒时,我们会从中感觉到一种特殊的魅力。或者说,
非常有知识、有智慧的老人,也有孩子那样的失败,而朝气
蓬勃的孩子,有时也有可能出现筋疲力尽和毫无激情的
样子。

1.《地海战记》

娥苏拉·勒瑰恩的《地海战记》三部曲,无论在美国还
是在日本,都是成年人和孩子们熟知的幻想故事。其中在
第一部《地海巫师》和第三部的《地海孤雏》的作品中,我们

可以看到结合得非常出色的老人与少年形象。第二部的大部分的故事以男女关系为主题,这里姑且割爱。

在此,我们不详细介绍故事情节,仅适当对与我们的主题相关的部分作一些说明。具体的可参照原著。这里说的是,在这个完全架空的《地海巫师》的世界里,主人公格得出生、长大,并成为老圣人的故事。在地海世界里魔法是通行的,格得正是在这个魔法的世界里长大、成为长老的。这是一个极富幻想的神话故事。

格得的母亲在他不满一岁时死去,所以他不知道何为母子关系。分析心理学家詹姆斯·希尔曼曾说,和老人结伴的是少年,和母亲结伴的是儿子[6]。同样,正如我们在第二章里曾讨论的那样,一个男孩在成长过程中,是以母子为轴心成长起来的,还是以老人、少年为轴心成长起来的,其结果非常不同。

格得天性聪慧,跟姑母学魔法,得心应手,小有成就。后来,他成了住在岛上的大魔法师欧吉安的弟子。格得在跟着欧吉安回家途中,期待着能学到什么特殊的魔法,可结果除了一个劲儿地疾步行走外,什么都没发生。格得终于忍不住了,开始向欧吉安发问。接着,他们之间便有了一段耐人寻味的对话。

　　　　"师傅,什么时候才开始修行呢?"

　　　　欧吉安答道:"修行已经开始了。"

　　一阵沉默。格得努力忍住了已经到了嘴边的话，最后终于按捺不住，问道：

　　"可是，我觉得还什么都没学呢！"

　　"这只是因为，你还没弄懂我教你的东西。"

　　这是在心怀大志的年轻人与充满智慧的老人之间的交谈中，能见到的一段非常典型的对话。一边是年轻人求学的焦虑，另一边是已经开始传授的老人遇到了还未开窍的学生。在此情况下，如果是血气方刚的烈性少年，也许会认为老人在信口开河，则很可能错误地判断跟老人什么都学不到而半途而废，扬长而去。那样损失就太大了。学习老人的智慧，首先需要的是耐心。

　　格得获得欧吉安的推荐后，得以进入魔法学院学习。之后，他虽然成了学院最优秀的学生，可在一次与同伴的争斗中被诱惑，将不能呼唤的死灵唤了出来，结果被"影子"袭击，几遭杀害。在这个节骨眼上，学院院长倪摩尔前来救助格得。院长拼命地使用各种魔法，最后虽然好不容易赶走了"影子"，最终却因体力消耗过度而死去。这里也描写出了老人和年轻人的一种重要关系。有能力的少年常有傲慢的一面。为了让少年明白傲慢的利害得失，同时为抢救因傲慢而遭遇危险的少年，老人时常会付出性命的代价。

　　老人为搭救傲慢少年会付出生命的代价。这似乎非常不值得，然而，其实此处有一个本质上的死亡和再生的过程。事实上若干年后,格得成了这所魔法学院的大圣人。培养后继者是个艰难的过程,当然为培养后继者,老人并不一定需要献身。可他必须觉悟到,这确实是一件性命攸关的大事。当然,老圣人倪摩尔应该是对这一点是很清楚的。所以最后他死得十分安静和庄严。

2. 生死的平衡

人们可能会觉得,生活在现代不该再谈魔法了。然而,我们是否可以从其他角度理解魔法?能不能把它看成支配和控制其他事物的一种存在?人类支配着诸多事物。人可以平山,可以填池,还能飞上天。人也可以支配别人。在古代人看来,现代人不全都是魔术师吗?那么,魔法对人们来说究竟意义何在呢?

魔法大师欧吉安很少使用魔法,这使少年格得摸不着头脑。当少年格得变成大圣人后却也很少用魔法,这使跟他一起出游的年轻人亚刃百思不得其解。为什么呢?这是因为贸然使用魔法,有可能会打乱宇宙秩序的平衡。学院的长老们在教授魔法时,都会反复地强调这一点。长老们常会告诫弟子们:"鲁尔克的雨水可能会带来奥斯基尔的大旱。东海域阳光明媚的好天气,有可能会给西海域造成疾风暴雨的破坏。"人类是不能轻易动用自己的支配力的。在现代,人有"开发"一切的能力,在这种情况下,老人的智慧是非常必要的。急于功成名就的年轻人,更在乎快速的局部变革,老人则会放眼全局,注意整体的均衡。

老人和少年之间的不可思议之处,在于两者内在的相辅相成。因此,他们之间也很容易发生地位的交替互换。比如当老年执政者急于新项目的"开发"时,年轻人为了保持自然环境的均衡,会发起反对运动。从手法上来看,为政者会狡猾地施展老人的智慧,而年轻人则多一味地勇往直前。

《地海战记》的第三部说的是,格得——当时他已经成长为大圣人了——发现世界的平衡秩序被打乱,为恢复世界秩序而带着亚刃出行的故事。第一部里的少年格得,在第三部里是作为老人登场的。他在第三部里,可以说是充满了老人的智慧,由于篇幅关系我们不能作过多引用。有兴趣的读者请读原著。这里我们来看一个例子。下边是格得对亚刃说的一些话:

> 亚刃,你在做比较大的选择之前,千万要三思而行。我年轻时得在"静止的人生和行动的人生"之间进行选择。我可以像鳟鱼扑苍蝇那样,一下子扑住苍蝇。可是无论怎么做,无论做什么,也不能让我达到自由的境界。单凭这样的行动是达不到自由境界的。一个行为导致下一个行为的产生,然后接着又出现另一个行为。一个行动紧接着下一个行动,结果,其实我当时很少能得到现在这样的时间。我们需要一个行为与另一个行为之间的间隙那样的时间。这是"静"的、存在的

时间,而不是"动"的、行动的时间。或者说,我们需要那种考虑一下自己究竟是谁的这样问题的时间。

我们应该知道,"静的人生"比"动的人生"更有分量。按照这个思路,老人或老人身边的人们才能理解什么才是老人不可估量的价值。为躲避"静"的人生,有多少人不敢去正视这个问题,而是找到一个"可做"的事情,拼命地狂奔着。

《地海战记》里那个世界的失调,是由生与死之间的平衡失调所致。这是有些人为实现永远不死的愿望,去打开了生死之间的大门,让死者随时可以回到人间所造成的。格得、亚刃共同努力挽回了失去的平衡。然而,格得也因此用尽了他的魔力,从此不再是魔法师了。

这个话题就此略过,现在我们回到如何看待生死平衡这一问题。现代社会生死的平衡出现了失调,人们似乎对死的问题躲得太远了。我们是否每时每刻都要做到生死平衡呢? 随着医学的发达,人们对很多疾病发现了有效的对抗措施。与从前相比,人们在很大程度上,减轻了对存亡安危的担心。这本是一件值得庆幸的事,可人们因此对死的问题不闻不问,甚至将其完全置之于自己的视线之外,就会出现问题。在忽视死这个课题的同时,自然连距离死亡较近的老人也视而不见了。然而,这些人自己不久也会变成老人,也得迎接死亡。临时抱佛脚,就会因缺乏准备而束手无策。

　　当然老人也有很多事情需要留心。比如,格得带着年轻的亚刃去旅行时曾嘀咕道:"我本来以为是我带着你来呢! 可实际上呢,被带着的是我。亚刃,是我在跟着你走。"大魔法师欧吉安,也跟年轻时的格得说过类似的话。所以,无论是怎样的大圣人,也有不得不接受年轻人引导的时候。也许正是有了这样的觉悟,老人才会由衷接受死亡,也才能视死如归,将死视为一种再生的体验吧。相反,那种对青年一代不屑一顾的所谓"老人智慧",则会很快枯本竭源的。

三、老人与少女

　　以老人和少女为主题的故事也很常见,与以老年和少年为主题的故事相比较,它们具有不同的意义。笔者在其他著作里曾对此话题做过讨论[7]。这里,我们来看一下米切尔·恩德的作品《毛毛》。这是一本在德国和日本都拥有众多读者的幻想小说。

1. 毛毛和老人

　　毛毛是个孤儿。格得很早就失去了母亲,而毛毛则根本不知自己生于何地,父母是谁。据说她是一个大约在八岁到十二岁之间、穿着又旧又大的男人上衣的、远离尘世的女孩。毛毛独自住在意大利的一个圆形剧场的废墟里。她与亲生父母缘分薄浅,却是一个与老人交情深厚的孩子。

　　毛毛在故事里跟两个老人的关系十分密切,一个是扫大街的贝波,另一个是"时间王国"的主人侯拉。两个老人对比强烈,对贝波这个老人,大家会猜想他"是不是脑子不正常呢?"从表面上看,他没有任何长处,每天只是扫扫大街。相比之下,侯拉这位"时间王国"的时间老人,精通跟时间运行有关的一切知识,是一个非常有智慧的神秘老人。这两个老人都需要少女毛毛。

贝波说话说得非常慢,许多人等不及,只有毛毛有耐心慢慢等他把话说完。所以贝波只有在跟毛毛说话的时候,才能定下心来,慢慢把想说的话说完。他说,在扫一条很长的路时,如果急急忙忙扫的话,会喘不过气来,然后人就动不了了。对此他说出了一个好办法。

　　不能想着自己得扫整个一条长长的路,懂吗? 只想着接下来的一步路,接下来的一个呼吸,接下来要扫的那个扫帚,永远只想着下边的那一步路。

　　这样就会很开心。这很重要。如果开心的话,工作也做得好。不这样做肯定不行。

毛毛从贝波的话里得到了启发,贝波也因为在毛毛这个女孩面前能把自己的想法说出来而感到很开心。这样的老人和少女的组合非常精彩。贝波先生说到兴头上时,话会变得很离奇。原来毛毛和贝波以前在"另一个时代"就见过面的。在城墙边附近扫地的时候,他们发现了塞在墙里的五块很特别的石头,然后想起来,这竟然是他们俩在"另一个时代"一起塞进去的。听贝波说话"非常搞笑,他说到兴头上便停不下来了。周围的人看着他也只能无可奈何地摇摇头"。可毛毛非常喜欢贝波,而且把他说的话都好好地记在了心里。

我们在评论老人说的话是否正确之前,把他的话"好好放在心里"的这个想法实在是很重要。若能像毛毛对贝波那样,非常喜欢这位老人的话,那老人会是多么幸福啊!

在格得的故事里,有一个亡灵国度的故事。我们现代人一般不会简单相信前世、后世的存在。可是如果我们想象一下它的存在,然后"把它好好地放在心里"的话,结果会如何呢? 只是认真做好这一件事,老人问题就会有很大缓和。荣格曾在他的自传里说:"把人死后的生命,想象成一个具体的存在,或给出某种形象——即使最后不得不承认失败——我们应该尽可能去这么做。如果不试一下的话,则会有很大损失。"

2. 时间的意义

遗憾的是,毛毛与贝波的幸福并没有持续很长。由于"时间盗贼"灰先生的出现,毛毛和贝波双双被卷进灰先生所带来的混乱。

灰先生用非常巧妙的方法说服了很多人。发廊的弗西先生的故事就是一个例子。灰先生引诱发廊的弗西先生时说:"我来自储蓄时间的银行,我的代号是 XYQ/384/b,你应该会想在我们银行开个账户吧?"他劝说弗西把被他浪费的时间节约出来，然后储蓄起来。灰先生事先了解了弗西的生活，然后告诉弗西先生说，他与老母亲的聊天就是浪费时间，他养鹦鹉、参加合唱团练习等都是浪费时间。弗西被他说服了，最后终于开了一个节约时间的账户。这时灰先生吹捧他说："现在你终于变成近代的进步队伍中的一员了。"可结果却是：

> 弗西先生渐渐变成了一个烦躁不安的人。说起来令人十分纳闷，他所节约出来的时间自己却丝毫也没有得到。这些时间像魔法似的消失得无影无踪。他开始并没有发觉，可实际上自己一天天的日子，却渐渐缩得越来越短了。

钟表上的时间是不可思议的。你越节约，它越短，结果让你变得焦急不安。可是，时间王国的主人侯拉说，相对于钟表上的时间，还有一种时间叫作"星星的时间"。毛毛卷入与灰色男人的战争中以后，有机会来到灰色男人所痛恨的侯拉家。侯拉告诉毛毛什么叫作"星星的时间"。侯拉向毛毛解释说：

> 你知道吗？其实宇宙里偶尔会出现一种叫作"瞬间"的东西。这就是，地上所有的物体和生物，与远在天上的星星互相合作的瞬间。这样的合作只会偶尔发

生一次。在这一瞬间前后会发生一些不可思议的事情。遗憾的是,人类并不知道如何利用这样的时间。

我们的人生里似乎确实存在着这种"星星的时间"。可是在现代社会中,人们在被钟表时间所束缚、忙得东奔西走的时候,是感觉不到这样的时间的。这个时候,不正是老人指出了"星星的时间"的存在吗?

毛毛问侯拉,人死了以后会怎么样? 他说,如果人知道死了以后会怎么样,就不会感到恐惧了。他问毛毛想不想看"时间的源头",毛毛愿意,侯拉就让她看了。"时间的源头"原来是一朵美丽的花。要使读者了解故事里的这一段描写,需要引用较长的段落,我们就此打住。这里对时间的源头的描写,确实非常恰当。毛毛想把自己看到的绝妙光景告诉朋友,侯拉却说,"等你把道理琢磨透了,再告诉你的朋友",现在还不能言传。

确实如此,无论多么美妙的体验,在自己"没琢磨透"时就告诉别人,就可能会被误解,有时还会使别人觉得莫名其妙。作者在"时间的源头"上并没有过多的描写,这或许是很明智的。这样可以使每个人都有机会,能用各自不同的方法对"时间的源头"去心领神会。

关于侯拉和毛毛是如何打败灰先生的,读者直接通过原著可以得到更多的乐趣,这里一并省略。对我们来说已经感到十分满足的是,我们从"老圣人"侯拉的智慧中领悟到了"人们一旦懂得死,便对死无所畏惧了"的道理,同时也获得了"等把道理琢磨透了以后再告诉别人"的智慧。

四、老人和幻想

前边我们谈了年老男性的故事。最后我们想举一个年老女性的例子。这是幻想中的一个老人故事,同时也是一个老人的幻想故事。虽然,这是一个老妇人和男孩的故事,可这个主要人物之一的老妇人,在故事中并没有露面很多。这就是在少年儿童文学里获得极高评价的、菲莉帕·皮尔斯的《汤姆的午夜花园》这个奇妙故事。

1.《汤姆的午夜花园》

汤姆好不容易要放暑假了,却因为弟弟彼特患了麻疹需要隔离,他得被送到亲戚家去借住。汤姆与格得、毛毛不同,是在英国的一个普通的孩子。他当然有父母,可是由于一些意想不到的事情发生,他不得不离开父母一阵子。可正是这种时候,总会发生一些奇奇怪怪的事情。

开始,汤姆盼望着在叔父叔母家的日子快点结束,早日回家。他很不情愿地出发了,可没想到在那儿却经历到了一些很难忘的事情。叔父所住公寓的房主,是一个名叫巴塞洛缪的老年女性。她家的走廊里,有一口非常珍贵的古钟。汤姆到后的第二天半夜,大钟敲了 13 下。汤姆觉得十分不可思议,便走到楼下去看。打开后门,却意外地发现了一个十分美丽的花园。

到了第二天清早,汤姆再去看时,却怎么都找不到那个花园了。可到晚上,钟敲了 13 下以后,汤姆再去那儿就又可以看到花园了。不仅有花园,而且还有人住在里边。花园里的孩子们里,只有哈蒂跟汤姆说话。

非常不可思议的是,汤姆每天晚上去花园,都发现哈蒂在不断地长大,变成了一个非常漂亮的姑娘。在那个世界里,只有哈蒂能看到汤姆,也只有哈蒂能跟汤姆说话。汤姆被这个神秘的花园和哈蒂深深地迷住了,他心里开始出现了不想回家的念头。

故事里对这个花园的描写非常精彩,我们作为读者也被深深吸引,感觉到一种不可言喻的眷恋。每个人心里都会有这样的"花园",想来这不正是我们所说的精神上的故乡吗?而且,当孩子们发现了这个神秘的时空时,即便是与父母分开,也仍然希望能在此停留。

哈蒂长成了花容月貌的大姑娘,她跟汤姆两人在冻结的河上溜冰时的情景美不胜收。究竟汤姆是住在哈蒂心里的男孩呢,还是汤姆心里住着这个美好的姑娘呢?他们的两颗心交织在一起,一边这么纠结着,一边向河的下游滑去。

终于有一天,汤姆回家的日子到了,他每夜的冒险之谜也终于要揭开了。当汤姆知道,原来房主巴塞洛缪奶奶不是别人正是哈蒂以后,一切便都水落石出。原来上了年纪的巴塞洛缪一直独自生活着,有一天她梦到了自己年轻的时候。汤姆来了以后,这个梦变得更加历历在目了。汤姆

"进入了"她的梦乡。等一切都真相大白后,巴塞洛缪与汤姆一下子变得非常亲近,两人一起不停地谈着他们的梦境。可汤姆就要回去了,他们相约好再会的时间便分手了。汤姆下楼准备回家,可又突然转过头来朝巴塞洛缪跑去。汤姆的叔母后来跟她的丈夫说了下边这段话:

> 汤姆跑过去以后,两人就紧紧抱在一起了。他们看上去像是很多年前就认识的老朋友,可其实今天早上才认识,真让人吃惊。还有,更不可思议的是,当然你听了一定笑我荒唐无稽——那个巴塞洛缪夫人,个头跟汤姆不相上下的感觉,她已经是一个缩得很瘦小的老太太了,但汤姆拥抱她的时候就像对方是一个小姑娘那样,两手绕在老太太背后,紧紧地拥抱着。

至此,这个令人感动的故事结束了。故事结尾所想表现的是,一颗老人的心实际上也包含着幼年和青年的心。与汤姆相拥抱着的巴塞洛缪夫人,拥抱着汤姆,也被汤姆拥抱着。一个麻木的人看老人时,只能看到一个老人,只能看到从老人身上流逝的时间。而像汤姆那样能"进入"老人内心的人,就会看到其内部才存在的美丽"花园"。漫步于这个"花园",就会领略到其中种种动人的故事。而对汤姆来说,他亲身体验了这个充满生命力的"花园"的魅力,他所得到的这个千金难买的秘密,成为他从父母身边起飞的一个踏板。巴塞洛缪老妇人并没有为汤姆做什么。虽然她只是平躺在床上做了一个梦，可她亲历了汤姆的人生转折点，并助他迈出了人生重要的一步。

2. 老人的意义

如前所述，老人的存在对这个世界的重要性是不言而喻的。对这一点，虽然没有必要更多重复，但为了对老人的认识作进一步的概括，我们来看一下日本民间流传的姥舍山传说[8]。虽然笔者在其他场合已经发表过类似意见，但考虑到这个民间传说与幻想世界的老人这个主题之间的密切关系，就来再说一下。下边是姥舍山的故事：

> 一个儿子把一个已经到了六十岁、按理该扔出去的老人藏在家里。有一次藩主命令这个年轻人"用灰搓成一条绳子"。因没人能想出好办法，儿子便去跟藏在家里的老父亲商量。老人教给他的办法是，用一根绳子将其固定住以后烧成灰。结果老人的智慧得到了承认，姥舍山的习惯也从此被废除了。

这个故事非常象征性地说明了何谓"老人智慧"。大家在苦苦思索如何把灰搓成绳子时，老人果断地用逆转的思维解决了问题，找到了从绳子到灰的方法。

这个民间故事所表达的，不正是我们之前一直在努力说明的道理吗？大家以前都在为消除"无用功"做努力，而我们却在探讨如何"认识无用功里的价值"及老人智慧的价值。对于"对死有恐惧感"的人们来说,只有认识到生与死的平衡,才能领悟到生的意义。当人们奔忙于要做一些有意义、有价值的事情时,老人什么都不做,仅是一种存在,或者只是做做梦什么的,可其中却表现出了一些和人的本质有深切关联性的东西。

老人们的这种不做事,或瘫睡在床的"存在",对现代社会的盲点投出了尖锐的批判,甚至为我们揭示出了解决问题的线索。

注:

（1）児童文学作品には、フアンタジーでない作品でも老人について考えさせられる名作が多い。今江祥智「老いと死をめぐつて　児童文学に読む」、山中康裕他編『老いと死の深層』有斐閣、一九八五年、参照。

（2）アーシユラ・K・ル＝グウイン、清水真砂子訳『影との戦い　ゲド戦記Ⅰ』『こわれた腕環ゲド戦記Ⅱ』『さいはての島へ　ゲド戦記Ⅲ』岩波書店、一九七六―七七年。

（3）ミヒヤエル・エンデ、大島かおり訳『モモ』岩波書店、一九七六年。

（4）フイリパ・ピアス、高杉一郎訳『トムは真夜中の庭で』岩波書店、一九六七年。

（5）アニエラ・ヤッフエ編、河合隼雄/藤縄昭/出井淑子訳『ユング自伝　思い出・夢・思想』1、みすず書房、一九七二年。

（6）J. Hillman, "The Great Mother, her Son, her Hero, and the

Puer," in Ratricia Berry ed., *Father and Mother*. Spring Publications Inc.

（7）河合隼雄『昔話と日本人の心』岩波現代文庫、二〇〇二年。

（8）関敬吾編『一寸法師・さるかに合戦・浦島太郎』岩波書店、一九五七年。

第二编

现代社会与边缘性

第六章　现代与边缘性

一、边缘性人格障碍

从现代社会的各个方面来看，"边缘"这个问题已日渐引人注目。所谓开拓精神，本来指的是，从一个已经熟知的领域向边缘的移动。相比较而言，此处所说的"边缘"，指的是一个熟知的领域与另一个熟知的领域之间的，不言自明而又显而易见的"一条线"。其实本来这里并没有一个"领域"的概念。可问题是，这条不言自明的线，它到底是不是真的就那么不言自明呢？现在这样的疑问比比皆是。这些疑问，使之前在这种区分下所形成的秩序，发生了根本的动摇。

在讨论现代社会"边缘性"问题的意义之前，我们先来看看目前临床心理咨询师之间的一个热门话题——"边缘性人格障碍"（borderline case）的问题。边缘性人格障碍大体上指一种"病理"现象。了解一下边缘性人格障碍，非常有助于理解和认识现代社会和文化中的一些特点。我们对此作一个尽量不涉及过于专业问题的概略说明。

例如，有一个并没有什么病状的年轻人来诊所，说想讨论自己在生活道路选择上的一些问题。聊了以后，觉得这位年轻人脑子挺好，也很敏锐。治疗者从围绕着生活态度话题的交谈中了解到，他最近对某大学宗教学教授的著作十分着迷,打算辞去不久前好不容易找到的工作,去这位教授执教的研究生院考试,跟着这位教授研究宗教学。治疗者感到这个想法很不切合实际,便劝他放弃这个念头。过了一阵以后,这位患者表示,当时治疗者强迫自己放弃自己真正想从事的事业,所以现在丧失了活下去的意愿,目前已经不去公司上班了。之后又争吵过几次,他最终辞去了公司的工作。接下来参加研究生考试,结果以失败告终。在这种情况下,一般人可能会想,如果考虑得比较成熟的话,或许是自己不应该去考研究生,而应该留在本来的公司继续工作的。而他却理不清这些道理,而开始了对治疗者的猛烈攻击。他指责治疗者"非常轻易地让自己辞去工作,强迫自己去考试,这样的专家让人难以原谅"。治疗者在一开始比较沉着地跟患者讲道理,提醒患者自己并没有强迫过他。可后来还是耐不住性子,赫然而怒了。总之,这样的争吵反复继续着,闹到后来患者便频繁地打电话,连续往治疗者家里邮寄加急信件,导致治疗者也大发雷霆。患者便指责"连专家也不能控制自己的情绪吗?"接下来便是更为激烈的争吵,直到关系破裂。

在治疗边缘性人格障碍症时,从未有过"怒不可遏"经历的治疗者,恐怕是不存在的。我们不能理解的是,患者怎么能这么信口胡说八道,如此无理地激怒我们呢。可在很多情况下,实际上他们自己却完全感觉不到这一点。他们觉得自己是在认真地、诚实地面对治疗者。

这里只记述了边缘性人格障碍症状的一个侧面,患者病情恶化时会产生幻觉和妄想,出现自杀企图。这些症状让人觉得,这不是精神疾病的一种吗?可这个病的特征是,过一阵子患者又会出现安定状态这一点。在一般的情况下,病人的"病情好转"会让我们松一口气,可它又会猛然(治疗者也难预料)出现极其困难的状态,令人惊慌失措。另外,患者在感情上也十分容易大起大落,一会儿赞扬治疗者,视治疗者为上帝,一会儿又把治疗者贬为恶魔,极端仇视。有的学者在记述边缘性人格障碍的症状时,用到"不安定中的安定"的表现。所指的症状是,当病情如此不安定,令你不知所措时,它却并未掉进深渊,时而又转回到安定的状态。

病情恶化时,根据当时的情况很容易被诊断成"精神分裂症"。可是这一阵过去后,到病情"安定"状态时,就很像"神经症"或者甚至可以说"正常"人了。过去的神经症理学在精神分裂症和神经症之间,是有明确的分界线的。两者的鉴别诊断曾被认为非常重要,可现在发生了诊断不清的病情现象,我们不得不把这种病诊断为"边缘性人格障碍"。如果对这个情况要作专业性解释,就说来话长了,这里我们暂且只作一个简单介绍。总之,经过精神病理学者们漫长、痛苦的摸索,"边缘性人格障碍"才作为一种疾病被学界认可。

如果将这个现象与现代社会、文化的情景相结合来考虑,我们就可以发现很多值得研究的课题。其中之一便是,现代人的思考方式问题。现代人将事物之间的区别划分得过于明确,其结果是不得不受到"自然世界"的抗拒和挑战。诊断对病人来说是必要的,诊断不确定的话,治疗便无法开始。我们为了区别精神分裂症和神经症之间的不同,要在其中划上一条明确的"线"时,这就发生了要打破这个明确地区分的思考方式的现象。我们可以把这种现象看成,自然对人类过于明确的思考方式的一种反击。

我们与"边缘性人格障碍"病患接触,心里会不可抑制地产生说不尽理不清的情绪。这种情绪的形成,表现出了积压在我们自己内心的一种压力。现代人无视客观现实,随便设立了许多区别事物的界限,而根据这些界限在心里建立秩序时,积累了无数压力。同"边缘性人格障碍"患者交谈时,明明是严格依据二选一的理论在讨论,看似合乎逻辑,可最后竟然会被迫得出与现实完全相反的判断,导致治疗者会骤然感到百喙莫辩,怒火中烧。说这便是现代版的"以子之矛,攻子之盾",倒也说得过去。

二、现代和边缘界限

前文我们说到,"边缘性人格障碍"的出现,是对明确区分事物的思考法这个现代人有力武器的反击。在此,我们首先谈谈明确区分事物的方法。

与其他动植物相比,人类最明显的特征在于其意识极端发达。此外,人的意识方式,在人类历史长河中的变化和"进步"也是不可忽视的。可以说,对事物的明确区分,正是人类意识的出发点。世界全体从一个混沌未分状态,被区分成明与暗、天与地,等等。随着区分的明了化,世界渐渐地被分化、被认识,人的意识也与日俱进。

然而,如果世界被无休止地分化,那只能走向支离破碎。没有某种意义上的"统合",也就谈不上进步。人类的意识是在一次又一次的无限分化和统合中得到进步和发展的。近代西方,就是在这样的过程中确立了精神和肉体、主体和客体的区别,这实在是一件非常伟大的事。通过确立将主体和客体相区分的思想,人类懂得了将客体与自己区分开来进行观察,甚至可以将自己的身体与精神相区分来进行观察。众所周知,自然科学就是在这个基础上得到了确立,并在日后取得了巨大发展的。

自然科学的知识日益丰富,在此基础上所诞生的技术也日新月异。随着这个成果的与日俱增,人类便把从自然科学的视角所看到的世界,当成了"真实的存在"。也就是说,由于"现实"被自然科学的知识、技术支配,所以这种看问题的方法便被当成一种正确地把握"现实"的方法。这个时候,出现了一个逆反现象,这就是我们前面所讨论的"边缘性人格障碍"。笔者认为,另一个可以被看成作为"自然科学主义"的逆反现象而出现的,便是身心症。

哮喘、胃溃疡,及特应性皮肤炎症(atopic skin

inflammation）等多种疾病都属于身心症的范畴。心理因素并不是这些病的唯一病因。日本身心医学会非常慎重地给身心症做出了如下定义：这种病症"虽然以身体症状为主，但在诊断和治疗时，探究心理因素方面的意义很重要"。笔者认为对身心症产生的原因比较妥当的解释是，这种病的出现是对那种将身、心明确分离，然后将病因归于某一方做法的逆反。最近儿童身心症也在增加，这与边缘性人格障碍相同，可被看成自然界对"自然科学主义"的逆反。

对于这一点，精神科医师成田善弘认为"人所被赋予的意识和知识，是人的身体里本来不存在的东西，我认为它对身体来说是一种超负荷的存在。进化的代价是否便是身心症产生的原因呢？——无论医学如何进步，身心症也不会一扫而光。与其说一扫而光，还不如说也许正是医学的进步，才促使了身心症的形成"[1]。他在最后的一个部分的叙述里，应该说清楚是"现代的西方医学的进步"，如果医学本身的情况有所变化的话，也许就不会出现由医学的问题而产生身心症的情况了。

在身体和精神之间如果用画一条线来区分不那么合适的话，如果用边缘地带来划分，是否是更聪明一些？这样的话，则会出现如何命名这个领域，怎么去研究它的问题。这也是一个很棘手的问题。无论将它称作一个领域还是地带，我们都是在用同样的方法将精神和身体进行分离。其实这原本是难以用领域来限定和划分的。有人会指责我们,怎么能把如此暧昧的东西纳入"科学"呢? 可无论如何,身心症是存在的,找到一个解决的办法是我们义不容辞的责任。

我们如果将目光转向社会,就会发现以"边缘"为焦点的问题比比皆是。我们来看一下其中的男性和女性问题。男性和女性,在没有特殊的情况下,具有明显相区别的身体特征,男性一生为男性,女性一生为女性。以这样的区别为背景,在不同的文化、社会里便产生不同的女性美及男性美的观念。同时以男女区别为前提,形成相对应的"秩序"。然而,众所周知,近年来开始出现了对这种观念的强烈逆反及反省,状况仍在不断改变。今天,男女之间的界限,已经不像从前那样,是难于跨越的一条线了。女人有"男人的美"有什么错呢? 男人有"女人的美"又有什么不好呢? 这样的考虑也渐渐付诸行动,现在在很多情况下,从服装上已经很难一眼辨认出男女的区别了。

有些人对这种倾向怀有无名之火,甚至认为这是一种颓废。这些人担心,之前好不容易形成的区分明确的"秩序",就要进入礼崩乐坏的状态了。他们出于一种对旧秩序的防卫心理,便产生了对此在道德上过低评价的态度。

不过,男性和女性的"边缘"问题,与前文提及的身心症有着微妙不同。对身心症来说,其表现可以说是对自然的逆反。可是男女的区别原本就在"自然"里表现得很明确。雌雄同体在自然界属于低级生物,越高级的动物,雌雄区分应该越明确。所以这个课题，便成为在考虑意识的存在方式和自然的关系上，比较难解却又非常重要的课题之一了。无论视角如何，毫无疑问这是 21 世纪所面临的"边缘领域"里的一个问题。

最后还有一个必须讨论的问题是，主体和客体的区别，也就是明确地将自己和客体区分开来这个问题。近代以来，西方世界所一贯追求的，就是确定一个具有自主性自我的存在。在英语里，个人这个词的拼法是"individual"，就是不可分的意思。把所有的存在进行区分以后，剩下不可区分的最后一个单位，便是"个人"的存在。

然而，在今天的西方社会里，有人开始反躬自问："个人"究竟在多大程度上能够跟"他人"完全分离呢？超个人心理学（transpersonal psychology）便是提问者之一。在此我们对这一学问不作详细叙述。简单地说，在一般的意识状态中，主、客的区分是很明确的，可是随着意识次元的加深，主、客之间的境界则呈现出暧昧状态，会逐渐出现互相融合的现象。他们通过充分记述这种现象，来探索人类在超过个人主义境况下的生活方式。他们正在寻找一个超越"自我"这个在西方以往备受重视的新的意识。

有人说日本自古以来就很擅长主、客体的融合，这也早已是被公认的了，紧接着根据这一点，便匆匆断定日本社会比欧美社会更胜出一筹。在做这个判断之前，有一点不可忽视的是，如我们前文所说明的那样，欧美的主、客体融合，是在达到高度的个人意识之后所产生的。如果不理解这一点,作为日本人来说就会犯很大错误。

三、分裂

前文已经阐述了边缘性人格障碍的症状,我们与边缘性人格障碍的患者接触时可以发现,患者在用人格分裂的方法来保护自己。我们继续用前述病例来说明:一位患者由于迷上了一个大学教授的学问,然后想去他所在研究生院学习。最初反反复复地强调自己要去学习的决心。考试失败后,却后悔做这种尝试,接着便攻击治疗者有错,错在不应该同意他去那种地方。在攻击治疗者时,患者完全不在乎自己之前所说过的话,或是忘记了曾说过的话。也就是说,患者突然地表现出了与其之前完全相反的行为和主张,这之间其实发生了分裂。

有时他会表示今后要努力,要反省自己以往的行为。当你欣赏他能如此明白事理,为他高兴时,当天他却会出现180度大转弯。说是因为看到先生会如此开心,所以被迫说了很多让先生高兴的话。其实自己心里很苦,一切都已经濒于崩溃的状态了。

有时候他们把周围的人分类,将对自己"好"的人归类为A,对自己"不好"的人归类于B,然后会极端地认为A是好人,B是坏人。在A面前他们可以辩解说,自己本来想对A好,可是由于B在所以怎么也做不到。他们自己往往很满足于这种辩解。其特点在于,在这个过程中,他们把 A、B 分成好、坏两种人并分别利用的做法,本人完全是无意识的。

这里值得思考的是,处于"边缘"状态会触发"分裂"这一问题。因为即使不是边缘性人格障碍病人,普通人在碰到边缘领域的问题时,不自觉地导致内心分裂的危险性也是很大的。以主、客区别为例,就佛教来说,这个学说提倡的是在生活中消除一切区别,其中当然包括主、客区别。可实际看看倡导这个可贵学说的宗教家们的日常生活,却发现其中有些人其实只在乎主、客的区别,他们变成了个人主义,甚至是利己主义的化身。这里就出现了完全的分裂。

另外,在男性和女性的主题上,我们可发现同样的问题。有人表面上非常激进地主张男女平等,可察其言、观其行,却可以发现很多与其本人的主张恰恰相反的行为。碰到这样的人和事,我们在对他们的生活方式或人格上加以指责之前,更应该认识到,这些例子很清楚表明了进入"边缘"领域的危险性。

如前所述,人类的意识是通过对事物的区别、分化及之后的统合而取得进步的。如若执意要对此挑战的话,需要十分谨慎,否则很容易失败。也就是说,"统合"这个对人类来说非常重要的方法,如果使用不当的话,会以"分裂"的形式继续存在下去——也就是说并未达到成功。

话说到此，一些善于反省的人也许开始担心，觉得自己或许也有"边缘性人格障碍"。能够这样进行反省的人，就说明还没有完全"分裂"，所以并不用担心。人原本就处在很多矛盾之中，为这些矛盾所烦恼、考虑如何解决这些矛盾并不属于分裂。分裂指的是，一个人内心的很多矛盾之间互不相关地存在着。而本人却有可能并没有在为这些矛盾所困扰。

这样有人便会说，那干脆不要问津边缘领域了，用以前的近代科学主义来解决问题不是很好吗？可问题是，正像前文所提及的那样，不可控制的"现实"问题已经摆在了我们面前。他们所指的近代科学主义，也被称为"笛卡儿—牛顿主义"。确实，笛卡儿提出了精神和身体之间明确的分离，牛顿则创立了力学世界，西方近代科学主义（范式，Paradigm）就是在两者统合的基础上发展起来的。对这门学问来说，"范式"的名称也许确实很恰当，可它并不代表牛顿和笛卡儿本人的世界观。对牛顿和笛卡儿来说，"神"的存在是非常重要的。后来发展起来的"笛卡儿—牛顿主义"，是一些人从笛卡儿和牛顿学说中，根据自己的需要，取出部分内容所拼凑而成的。

然而，由于西方近代科学的范式，过于随便地支配现实世界，对神的存在不是彻底置之脑后就是横加威胁。在其似乎发达到了顶点的最近，开始出现了对范式的反省，及对其矛盾方面的指责。前文所提及的那些对边缘领域进行挑战的人,就像有边缘性人格障碍的人通过"分裂"来保护自己一样,让人觉得这些守旧的人是在用"拒绝"来保护他们的自身利益。对他们来说,如果他们认为是"非科学的",那么无论在怎样的事实面前,他们也会用"因为不科学,所以不是真实的"来加以拒绝,或者干脆采取无视事实的态度。

法国有句话叫作"知者不求上进",一旦取得了"知者"的地位,新事物的出现就可能会危及自己的地位,所以他们对新事物采取拒绝的态度。有些科学家们之所以拒绝接受新事物,其原因也在于此。这些人很难接受边缘这一领域的存在。

四、对边缘界限的挑战

如果把20世纪看成近代科学的顶峰,那么21世纪则会走向"范式"变换的时代。这样,20世纪的科学明确地用"线"所区分的边缘界限,会变成"领域",那么探求这个"领域"的挑战则将必至。

在这种情况下,有些人会说,如果仔细看"线"的存在会发现,它实际上是一个有厚度的领域。虽然实际上也许可以把"线"看成一个"领域",可在此有必要认清的是,我们所面临的工作是,对过去用"线"划分事物的思维方式本身进行反省。要对边缘界线进行挑战,就得从根本上对用"线"划分事物的基础体系进行质疑。

比如，荣格派的分析家詹姆斯·希尔曼（James Hillman）在强调"灵魂"的重要性时，并没有提出"灵魂"是身体和心灵之间的一个"领域"。他说："我不把灵魂看成一个实体（substance），而将其看成一种展望（perspective）。换言之，问题不在于事物本身，而在于对事物的一种看法。"[2] 也就是说，他不认为灵魂存在于心灵和身体之间，不认为人的心灵和身体是能够分离的。他从根本上就反对人是由身体和心灵两个部分组成的那种观点。由此出发，姑且按灵魂是存在的这个看法来观察，我们就已经看到了，之前依照"笛卡儿—牛顿"范式观察现实时所看不到的现象。

以这样的态度对边缘性问题进行挑战，可以看到各种不可思议的现象。这些是现代科学的因果关系所不能解释的现象。荣格将此解释为同步现象，并十分重视。这本来就是现实所存在的东西，其实没有什么不可思议的。应该说，那些只习惯用"笛卡儿—牛顿"世界观去观察世界的人，才会感觉不可思议。对他们来说，别说是不可思议了，其实他们对此根本持拒绝的态度，认为这种现象是"不可能存在"的，或者认为某些现象纯属偶然而不加考虑。

心理疗法的工作，从其工作性质上来说，必须"向边缘界线挑战"。首先，对于前来治疗的患者，如若把他当成客观的观察对象接触，在一般情况下就很难有进展。只有将主、客体之间的边缘界限削弱一些，使得治疗者与患者双方能同时体验到一些微妙的相互关联的话，治疗才会有一定

进展。这种情况下治疗多从梦的话题着手。梦，正是一个
"边缘性"的典型存在。它不仅与意识和无意识间的边缘相
关联，也与精神与身体、主体与客体、生与死等的边缘界限
相关联。在梦里，由于以上这些要素的参差错落的影响，导
致不可思议的画面的产生。梦是灵魂的语言，也就是说，它
是讲述边缘界限的语言。

在跟一个曾经治疗过许多身心症患者的医师的交谈
中，我听到了这么一个故事。一个中学男生从幼儿开始患
有哮喘病，这个病一直没有得到根治，他为此非常困惑。有
一次他做了一个梦，仅将这个梦叙述一次就得花 40 分钟。
这是一个非常令人感动的梦，他本人感觉到似乎他的病被
治愈了。此后他的哮喘病果然突然好了。医生感到不可思
议，不过其中似乎也有可以理解的部分。可当他将这个故
事说给其他医生听时，别人也只是置之一笑。恐怕到学会
上去发表的话，也不会引起大家注意。笔者认为，对于这种
情况，应该立刻在理论上进行追究，从中找到治疗法，在得
出结论之前，可以找机会把这个事实更多地发表出来。从
类似的事实的积累中，我们可以发现向"边缘界限"挑战的
新方法。或许有人一开始就大胆地发表，类似的体验便会
渐渐得到更多的讨论。

"生死"的边缘性问题，是最近关于"边缘性"讨论的这
些不可思议的内容中，频繁被讨论的话题之一。我们在第
一章曾谈及濒死体验。有一件事令人印象深刻，这就是当

时在雷蒙德·穆迪的发表影响下,类似的报告紧接着层出叠见的结果。像这样,如果有谁出来做了出头椽子的话,以前一直保持沉默的人,也会不甘落后地拿出来发表了。

在这里值得注意的是,如何将这样的现象进行理论化的问题。最容易失败的做法是用"笛卡儿—牛顿"的范式来加以说明,或者通过"笛卡儿—牛顿"的范式,来确认这个现象是"科学的真实"。比如有一些被称为东方的,或者是半宗教的"不可思议"的治疗法,就曾作为宣传的例子被证明是"科学的"。一方面离开近代科学的范式去探索新的现象,另一方面为了说明这些现象的正确性,又要依赖旧的近代科学的范式,这个做法是很矛盾的。在严格的科学者看来,这种"科学的"证明,多有不真之处。十分遗憾的是,结果却由此而否定了那些切实存在着的、不可思议的事实。

有一些不可思议的现象,诸如从梦里可以看到未来的事情,祈祷可以治愈不治之症等。如果以这些为基础"制作"理论,而且强调这是唯一真理的话,那么这不是科学,而是宗教。因为这已经不是一个可以改变的"假说",而变成了绝对的"教义"。接着,为了坚持维护教义是唯一的真实,便开始设法使用分裂和拒绝的机制。这样对边缘界限的挑战其实是极其危险的。

可以说,日本人自古以来,始终在思考如何使主、客的边缘界限变得模糊一些的方法。在日本,身心一体的说法是众所周知的。因为有这个传统，在试着向边缘性挑战的时候，事实上我们会参考那些被称为日本式或东方式的技法。我们知道，最近在欧美，人们对瑜伽及禅学也越来越有兴趣了。然而应该避免的是，只根据这些就简单地得出"西方不行，东方式的才是最完美的"结论。

其中有人很可笑地认为，西方是物质主义而日本则重视精神。他们甚至提出，人由于物质过于丰富而被宠坏时，日本注重精神的态度会起到救助作用。对某些日本人的这种想法，如果站在欧美人的立场，他们会对日本经济的发展加以议论，同时也会针对只会拼命工作的日本白领工人提出批判和质疑。日本的白领工人本来就冠有"经济动物"的恶名，怎么可以在忽视这一点的情况下，谈所谓的日本精神呢？我们不得不说，实际上这些人，已经被前文所谈到的分裂机制所控制了。对自己内部所具有的矛盾点毫不在意的人一定是不堪一击的。

正视边缘界限的现实问题时，要能做到既不分裂，也不拒绝是极其困难的。然而，在这其中的坚持和努力不正是现代人的使命吗？肩负着难题努力走下去的话，总会冰解冻释，得到一个崭新的范式。就当前而言，积累事实是最为重要的。有些事实即使是打破了以前的"科学"常识，也仍应该被视为事实，不急于简单地就此得出理论结果。在观察这些事实的过程中，我们一定会找到新的线索。如上文所述，在研究边缘界线这样的问题上必须谨慎小心，步步为营。这是一个令人行走时如履薄冰,并充满危险的"领域"。

注:

（1）成田善弘『心身症と心身医学』，岩波書店、一九八六年。

（2）J. Hillman, *Archetypal Psychology*, Spring Publications Inc., 1983. 河合俊雄訳『元型的心理学』青土社，一九九三年。

第七章　边缘性人格障碍与阈限

一、序言

我们可以感觉到,最近被诊断为边缘性人格障碍的病例在增加。其实,在治疗者中似乎有一种流行的倾向,即在边缘性人格障碍的概念流行后,被诊断为此病的病例也随之增加。确实如此,临床医师都可以感觉到,这种患者确实越来越多了。

在此,我们没有必要再反复强调治疗边缘性人格障碍的困难,只要是认真从事心理疗法的人,对此都有过类似的经验。无论是治疗者还是患者,一定都曾有过轻易就互相伤害或让自己受伤的经历,且是创伤巨大、难以痊愈的伤痛。

笔者注意到,最近人类文化学者的一些研究,在对心理治疗本质的理解,其中也包括由此派生出的技术问题的理解上,意义重大。其中特别是以前曾讨论过的过渡礼仪(initiation)以及魔术师(trickster)等研究,对理解心理疗法有很大作用[1]。现在我们通过前边提到的阈限(liminality)及共同体(communitas)的概念,来讨论一下边缘性人格障碍的治疗问题。实际上这个问题是与整个心理疗法相关的。原本没有必要把题目限制在边缘性人格障碍上,我们之所以决定以边缘性人格障碍为着眼点,是因为对边缘性人格障碍的理解，能更好地帮助我们把握阈限的一些本质问题。

　　阈限和共同体的思想来源于阿诺尔德·范热内普（Arnold Van Gennep）的学说[2]。以下所引用的部分，如不作特别说明，都来自他的《礼仪的过程》一书。笔者将在他的思想基础上论述一些自己的想法。

二、阈限

　　关于过渡礼仪的本质，最初一篇令人瞩目的论文作者，阿诺尔德·范热内普提出，过渡礼仪最重要的特征是，在礼仪的过程中有着分离、阈限（边缘）、聚合三个阶段。其中第二阶段的"阈限"指的是"边缘"阶段。参加礼仪的人，通过了这样的边缘界限之后，与完成变革以前的社会再统合。阈限指的就是这样的边缘界限或性质。

　　心理疗法与人格变化相关，其过程与过渡礼仪的过程之间有着非常类似的特征，关于这一点，笔者已在其他论文中有所论述。但值得注意的是，说到底这里也仅仅是"类似"，两者并不完全一样。近代以来，从严格的意义上说，我们放弃了所有的过渡礼仪。所以，治疗者应该清楚的是，心理疗法上哪些方面与过渡礼仪是类似的，哪些方面是不同的。首先，在过渡礼仪里，一个重要的前提是神的绝对性存在，而心理疗法里则不存在这个前提。我们必须了解，这是心理疗法与过渡礼仪之间的一个最为根本的不同。心理疗法的空间，一般被看成与日常生活相"分离"的空间，将梦看成非日常"境界"里的一种体验,并通过重视这种体验等做法,使患者在心理疗法的空间里,得到某种超越自己的自我的体验,也称为神圣体验。这是超日常的、超自我的体验,从某种意义上来说,当事人可以得到一种"超越边缘界限"的体验。而在这个体验里也有一个"再统合"的过程,由此看来它与过渡礼仪确实有着极为类似的过程。可我们不能忘记的是,心理咨询师并不是作为"圣职者"而出现的这个前提。我们只是依赖于当事人及当事人自身的无意识过程,同时通过自己的意识作一些对照和确认而已。

心理疗法的难点在于,虽说它类似于过渡礼仪,但心理疗法的空间,却不能成为具有完全意义上的"分离"和"边缘"的空间。实际上,当事人在有限的面谈时间以后,立即得回到现实中去是事实,作为心理咨询师,应该时时意识到治疗空间与日常生活的关联,如忘记这一点则会非常危险。

将现实中的心理疗法场面与过渡礼仪比较时,另一个要点在于,在过渡礼仪中,会发生人格改变的人,或者有可能发生人格改变的人,不一定只限于当事者。如果把治疗者看成牧师的角色,把当事者看成修炼者的话,虽然更容易理解一些,可是根据心理疗法场面所存在的不可思议的互换、互补的特点来看,也有可能发生治疗者变成了过渡礼仪中接受体验那一方的情况。我们绝不能忘记,互换角色的情况时有发生。所以,今后在谈到牧师和修炼者时,应该想象成,他们双方同时有可能是治疗者或当事者。

我们在随时留意以上所述各要点的同时,根据维克多·威特·特纳(Victor Witter Turner)的理论来讨论一下阈限的特性。

特纳列表将阈限的各个属性与身份体系的各个属性进行了比较(表7-1)。

表7-1 阈限的特性

阈 限	身 份 体 系
移行	状态
全体	部分
同质	异质
共同体	构造
平等	不平等
匿名	命名的体系
财产的欠缺	财产
身份的欠缺	身份
裸体或穿制服	通过服装进行识别
节制性欲	性欲
性别的极小化	性别的极大化
缺乏系列	序列识别
谦虚	对地位的尊崇
无视个人的外在形象	注意个人外在形象
无贫富差别	有贫富差别
非自我中心	自我中心

续　表

阈　　　限	身　份　体　系
全面服从	只服从上级
神圣的性质	世俗的性质
神圣的规诫	技术知识
沉默	语言
停止亲族关系的权利和义务	亲族关系的权利和义务
不停祈祷神圣的力量	间歇性地了解神圣的力量
愚蠢	聪明
简单	复杂
承受苦恼	回避苦恼
他律性	自律性的各阶段

　　通过这张表,我们应该可以大致掌握阈限的特性。关于表中共同体的内容,将在下一节讨论。

　　我们将表中每一个项目与心理疗法的场面进行了对照整理,感触很深。两者之间确实互相符合,具有共通性,在此不一一详细论述。我们重点讨论几个与心理疗法不符合的项目,如"裸体或穿制服""全面服从""神圣的性质""沉默""他律性"。如上所述,由于心理疗法的场面不完全归属于具有"神圣的性质"的一类,所以以上所列的这几个项目便产生了问题。这里的"全面服从"和"他律性"等是以具有完全神圣的空间为前提的。心理咨询师应该认识到这一点,抱着尽量接近那种神圣空间的态度,而从这些项目里所提及的身份体系中解脱出来,必须以谦虚的态度对待当事人。否则,治疗家会在无意中逐渐给当事人留下绝对至上的印象,从而形成治疗者强迫患者"绝对服从",出现将自己的理论如同"他律性"那样强加于患者的结果。

大约没有心理咨询师与当事者见面时选择"裸体或穿制服"吧?不过在美国好像有集体裸体小组交流会(encounter)的方法,这是试图用外表形象来凸显内在本质的做法,在此并无不妥。在现代社会,很多人善于将制服与日常生活中的职务或人格等相关联。所以,有些精神科的医生在和患者见面时,有时会选择脱去白大衣这个"制服",从而跳出自己的"身份体系"的做法。可这个时候如果没意识到,不穿表示真正阈限的制服,会使自己处在一种非常暧昧的危险之中的话——心理咨询师都处于这种境地——就会遭到很大的失败。心理咨询师们没有"制服"这个护身符,所以始终是处于类似于阈限的状况。对这一点我们一定要有所了解。

下面来看一下关于"沉默"的问题。随着心理疗法的进程接近于阈限,"沉默"会出现得更为频繁。可大家知道,现代社会的心理疗法很多是通过"语言"进行的。这是因为心理疗法的场合,始终非常重视其中的阈限,为了在"身份体系"中将接近阈限时纷至沓来的思绪打乱重整,语言的使用是必不可少的。然而,考虑到心理疗法场合阈限的重要性,我们应该对"沉默"持有一种更为重视的态度。在这里,如过分拘泥文字,墨守成规,则容易导致失败。

以上我们简单讨论了阈限的特性,以及它与心理疗法的关联。

特纳说:"阈限常常被比喻为死或在子宫里的状态,或比喻为不可视、黑暗、男女两性具有、荒野、日月食。"这也可以看成对心理疗法空间特征的一种象征性解释。

三、共同体

接下来讨论共同体的问题。特纳认为,在过渡礼仪的境界里存在着特别的人际关系。他把这种人际关系称为共同体。共同体里"谦虚性和神圣性是均一的,其中也混合了伙伴意识,这里同时具有着'时间上内和外的瞬间',世俗社会构造中内和外的瞬间"。富仓光雄在其翻译的《仪式过程》的"译者后记"里,有如下说明:"共同体这个概念,简单地说,就是不存在身份序列、地位、财产、男女性别、阶级组织的层次。也就是说,这是一种无构造,或是超构造次元的、是人们在反构造次元里的、自由平等的、实际存在着的一种人和人之间的相互关系。"特纳认为,一般人们是把社会和社会构造画等号的。然而,社会构造和共同体两者的并存是必要的,"构造和共同体相继发生的阶段,是一个结伴而行的辩证过程"。

特纳所指出的,共同体的状况不会维持得太长这一点,非常重要。"共同体很快会发展成一个构造。在那里,每个个人之间的各种自由的关系,会变成社会的人格之间的规范＝支配模式中的各种关系。"嬉皮士,或者是类似的伙伴集团,尽管他们提倡共同体至上,但这个共同体还是会不知不觉地构造化,或是发生解体。这就是很多宗教集团衰落的原因之一。

特纳认为,"在无文字社会,社会和个人的发展周期,是由在礼仪的保护和刺激下所形成的、以潜在地存在着的共同体为核心的、多少有些回旋余地的阈限瞬间所区分开的。同样在复杂社会中,社会生活构造的阶段,也是由自然发生的共同体的无数的瞬间所区分开的。可这种场合,却没有制度上的刺激和保护"。

这是对现代社会共同体的一个通俗易懂的说明。现代社会在治疗契约的构架中,好歹有一个"没有制度化"的共同体环境,来帮助人们完成个人发展周期的更新,这即是心理疗法。在无文字社会,有一个在一定制度保护下的、以礼仪为形式的阈限环境,可在现代社会,这种阈限环境是在无任何制度保护下形成的,心理疗法当然就变成了一个非常困难的工作。此外,时间、场所和费用的设定也都是一个个重要的环节。而我们必须知道,只就这些项目而言,若同无文字社会的制度、礼仪相比较的话,都是些非常琐碎麻烦的事情。

特纳在对共同体进行说明时,曾提到与共同体有关的方济各会(小兄弟会),说到了方济各会的特点。他说"这些具体的、个人的、形象的思维方式,是那些追求人与人、人与自然直接结合在一起的,真正存在的共同体的人们的显著的特征"。他还从威廉·布莱克(William Blake)的《预言的书》里引用了一些与此相关的话:"对别人行善的话,要从小事做起。一般的善良只是伪善,或恶人的说辞而已。"治疗边缘性人格障碍的患者,凭"泛泛而谈的善良"行医,反而会被骂成"伪善者或恶人"。这一定是很多心理治疗者共有的经历。

特纳曾对共同体的形象思维这个思维方式的必要性,进行过说明。他认为在思考共同体的问题时,由于"共同体存在的性质",所以"必须要依靠比喻及类比的方法"。确实,心理咨询师必须非常熟悉这种思维方式。对于这一点,我们上边提到的阈限中的"沉默"比"语言"更被重视这一点也与此相关。心理疗法工作虽然是靠语言来进行的,但是有必要进行反省的是,在我们所使用的语言深处,是否有足够深厚的"沉默"的基础。

四、心理疗法

从以上谈及的各个方面我们了解到,理解心理疗法的性质、阈限及共同体的思想,可以起到非常重要的作用。然而,如前所述,在心理疗法过程中,治疗者说话和考虑问题时,在始终需要重视阈限的同时,也需要十分注意对方的社会身份体系。所以可以说,实际上要做好这件事,真是困难重重。我们自己有时都会有一种要被分成两半的感觉。

我们一方面不断强调要重视共同体,但另一方面又必须考虑到心理疗法大多是一对一的情况。乍一看这让人觉得很矛盾。可对现代社会来说,由于社会结构过于紧密和明确,一群人集合在一起,要形成一个真正的共同体,可以说是难乎其难。所以,如果需要形成一个共同体,得专门设定好时间和场所,同时为了建立共同体中的这种人与人之间的关系,还需要与受过专业训练的人,也就是心理咨询师面谈。根据心理咨询师与患者所进行的对话内容看,从某种意义上说,心理疗法的空间便可以被理解为一个形成"集团"的场所。具体地说,在患者的梦境里出现的许多人都要登场。这些人正是形成心理疗法场面这个共同体环境时所要参加进来的人。梦里所出现的人,即使在日常生活中与患者存在各种关系,他们也几乎不可能在共同体中相会。然而,他们在梦里与患者之间的关系,从很多方面看都接近于共同体的状况。他们在梦里的行为所表现出来的,大多如我们前面所引用过的富仓光雄所说的那样,是"无构造或超构造次元的,一种人们在反构造次元里的、自由平等的、实际存在着的相互关系"。

心理疗法的空间的作用,像是心理咨询师的一个容器。外边看上去是一对一的关系,内部则是跟不同的人形成了多种多样的共同体的状况。即使患者没有在述说梦,而是在述说一些日常的人际关系时,根据治疗者的态度,他们之间仍然可以产生超出一般的日常生活中的关系,而进入一种接近于共同体的状况。治疗者在听患者叙述时,如果能持和听患者说梦一样的态度是最好的。

另一点值得注意的是,对于共同体来说,其在社会上不占主导地位的那种机能逐渐变得较为重要起来。特纳曾举例说明,在父系社会里的共同体,是具有很强的母系社会特征的。由此想到,在母系社会原理很强的日本,共同体里则必须有相当的父系原理。从这个角度看,日本心理疗法的状况其实是处于更困难的条件下。共同体原本是具有母性特征的,而社会的“构造”是由父系原理所维持的,在这种情况下,共同体的母性作用则比较容易理解。可日本实情并非如此简单。因此,治疗者在共同体状况下,不单要求具有母性,也要求有相当的父性。如果治疗者不具备强有力的父系因素,随便同意当事者的希求,就会卷入不可收拾的混乱之中。而且,当事者会因此始终有一种得不到满足的怨情。

特纳说:“我现在认为,共同体并不单是在受到文化上的抑制后,一种从生理上来的冲动所得到释放的产物。它是与合理性、决断性、记忆力等这些在社会中产生的生活经验一起发展出来的、人类特有的能力的产物。”这些话对我们很有启发。这里很重要的一点是,我们不应该把共同体误解为一种“被释放的冲动”的产物。如果我们想把这个道理牢记在心,并付诸行动的话,那就需要相当的父性因素。

　　下面,我们讨论上述问题与曾作为阈限的特点而被提出来的"节制性欲"问题之间的关联。日本已日益西化,所以下面讨论的问题,在日本也需要引起重视。可对欧美来说,这个问题应该说已经是一个非常切实的问题了。在欧美,基督教的伦理观对夫妻以外的性关系,有着非常严格的伦理制约。这从传统上也早已进入社会"构造"中。因此,如上面所提到的那样,作为"在社会中占非主导功能"的治疗者和患者之间的性关系问题,就成了一个重大课题。这个问题在"服装"方面,则与"阈限"中的"裸体或穿制服"一项相关联,又由于性的结合本身象征着"结合"与"合一"的特点,于是更加强了这方面的要求。

　　这样一来,对共同体的渴望,很容易变成治疗者和患者之间的性关系,两者之间的身份体系便立刻变成了"男女""恋人"关系。这样便会产生与原本意图相反的结果,造成极大的混乱。

　　如上所述,性的问题具有很大的象征意义,而且它存在于精神和身体的"边缘界限"上,是非常难把握的。所以如果只将其作为一般理论来讨论,会有许多危险,值得注意。然而,尽管并不能将以上话题作为一般理论来讨论,治疗者也应该认识到这是一个很容易掉下去的陷阱。

　　正如以上我们曾提及的那样,在讨论心理疗法与过渡礼仪的关系时,不把圣职者(神、佛)的存在作为前提,成了一个很大的问题。在现代社会,社会构造被充分确立,大多数人努力地——并不是借助于神的力量——沿着这个构造一步一步地往上走。比如说学生的入学、毕业都属于这个性质，甚至包括结婚仪式、葬礼在内，尽管这些有时带有"宗教"仪式色彩，但参加仪式的人们，甚至完全忘记了"圣职者"存在与否这回事。即使有意识要这么做，所有的人也不会就这么简单地朝着这个方向走。正如特纳所言："在高度发展的复杂社会里，社会生活的阶段构造，也由自然发生的共同体的无数瞬间，分成了一个个的阶段。"这种时候，如果"自然发生的共同体"没起到适当作用的话，人们就会求助于心理疗法。然后，像我们所说到的那样，在心理疗法的空间，他们会得到共同体的体验。

在就职、结婚、生育等人生变化阶段来访问心理疗法的人，多数想要在内心世界里进行一个过渡礼仪的体验。他们在经历了阿诺尔德·范热内普所说的"分离""周边""重新组合"之后，完成了人格变化，成为新"构造"中的一员。这时候，有许多人会在意象世界里，进行死与再生的体验。然而，这些并未发生在"圣职者"的名义下，也并没有越过边缘界线而走近"圣职者"。

这并不是为了说明，在心理疗法里有"圣职者"存在的必要，也无意说现代社会一定得有这样的存在。我们曾经历过，也深知这种对追求人的自由和个性有害的不成熟的念头有多么危险。基于这样的观点，我们甚至可以说，现代出现了不依赖"圣职者"的心理疗法。然而，以上所述各点的认识,对于边缘性人格障碍的治疗是非常重要的。

五、边缘性人格障碍

此前,有很多论文对边缘性人格障碍的病理和症状进行过讨论。很多边缘性人格障碍患者有着自我比较薄弱的特点,其原因被认为是由患者与母亲关系的障碍所引起。对于这一点笔者基本赞成。这里我们换个角度,通过与上文曾论及的阈限的问题相对照,再来讨论一下边缘性人格障碍这个问题。

特纳说,"在方济各会,他们把自己教团的修道士,看作是一个只向着永远不变的天国过渡的边缘人",这即是边缘的原型意象。也就是说,我们整个人生是生活在边缘上的。一旦超出这个边缘便是向"天国的转移",也就是死亡。的确,人生在此生之前有着长得多的前世,而之后又有着比此生长得多的后世,人生仅仅是生活在前世与后世之间的"边缘上"。恐怕边缘性人格障碍患者,就是把对这一点的感受,从行动上强烈地反映了出来。这一方面使治疗者感到棘手,同时也使治疗者对他们在生活态度上所表现出的"活生生的人"的部分,深有同感。这也是治疗者认为这些患者很有魅力的一个主要原因吧。很多的"普通人",忘记了自己其实只是生活在一种"边缘"上,他们把此生当成全部,首尾不顾地在现实生活中生活。

我们认为,边缘性人格障碍,是受到了以上所述的边缘原型意象对其意识的强烈入侵而致。在此，暂不讨论这个结论的理由，今后笔者会在其他文章中另作讨论。人生在世最多只能作为一个边缘界限上的人生活着，不愿意做边缘界限上的人就等于是一种失败。其实这里存在着治疗上的困难，那就是被治愈对他们而言则意味着失败。

边缘性人格障碍患者，并不只是生活在这么一种边缘界限的原型意象中。他们也得入学，也得就职，也希望在现实世界里能将这些完成得很得体，受到好评，这些确实也都是事实。在这些事情的节骨眼上，他们会变得令人吃惊地、非常顺从地和治疗者一起讨论，自己应该如何身体力行地去适应社会的要求。这时候治疗者内心会认为"情况很顺利"，会有"比以前好多了"的感觉。可常常是，当你这么想的时候，我们前边谈到的那种边缘界限原型意象又开始产生很强的反作用，患者便开始激烈地责备治疗者不理解病人，他们会认为治疗者根据自己的想法，误导了患者。他们有时候突然会做出不可思议的自杀的行为。这时候，治疗者会感到十分迷惑：好不容易治疗得比较顺利了，怎么会这样？但如果治疗者考虑到前面所讨论的情况，对此则会一目了然。

对边缘性人格障碍来说，阈限会如我们上边所看到的那样，产生非常强烈的意象作用。这样，患者对共同体的希求也就特别强烈。如果治疗者不能充分理解这一点，未能接受患者对共同体状况的强烈希求的话，就比较容易失败。有时由于在社会身份体系上的一些奇怪偏见，也会发生难以形成共同体的状况。另外，当希望能形成一种共同体的关系时，在无意识中却会变成类似亲子、恋人那样的人际关系模式。这种无意中所发生的逆向转移，也会引起失败。当治疗者感叹"自己在这个患者身上下了这么大功夫，怎么会失败呢"时，实际上他"下功夫"的模式是按照亲子、恋人或师生关系的模式在作用，所以在很多情况下所得到的结果，是偏离患者所希求的那种共同体状况的。此时患者对自己所处的整体状态摸不清头脑，仅仅意识到了某种偏离。这之后患者便开始不断给治疗者打电话，那些不着边际的指责和无理取闹也就接踵而至。这时候，作为治疗者应该考虑的，不应该是自己曾尽的努力，而应该是究竟什么是真正的共同体，自己为此做了什么。

通过以上叙述，我们应该很理解边缘性人格障碍的症状行为了。曾被多次指出的一点是，此病患者情绪变化的特点是，他们的态度常会从积极（positive）急剧转向消极（negative）。正如前文曾提及，如果患者对共同体的状况有一定的不满，他们对共同体的深层要求在治疗中未如愿被接受，或被治疗者误解的话，病人的情绪会发生急剧变化。另一种情况是，如果病情治疗开始时比较顺利的话，其情绪变化趋势会是比较积极的。此时若治疗者满足于现状，病人的情绪则必然会立即转向消极的一面。

还有一种情况是,他们有很强的自杀愿望及企图。如果我们能意识到在他们想要逾越的"边缘"彼岸,存在着一个死的世界的话,对这个病就比较容易理解一些。总之,我们需要注意到,边缘性人格障碍患者的背后,始终存在着一个彼岸他界。

现代社会舍弃了本来的过渡礼仪。如今的社会结构虽然变得极为复杂,人们却能明确地并有意识地将其把握住。至少通过本人的努力,在这个社会结构中的移动是可能的。类似入学、就职、结婚等这些属于地位向上的变化,即使不经过那些特别形式上的人格变革体验,经过有意识的努力也可以达到。从某种程度上说,事情就是如此。然而,在这个现实背后,"自然发生的无数的共同体的瞬间"的存在是肯定的,而如果这种形式对有些人不起作用的话,他们便会来接受心理治疗。可即使是心理咨询师,由于受到现代社会状况的强烈影响,他们或许能用死和再生这个模式来把握患者的病情,但如果太急于完成"死→再生→结构化"这个过程的话,有可能会忘记在这一结构背后所存在的边缘原型意象。也就是说,问题在于现代的心理疗法,过于在乎治疗的过程了。边缘性人格障碍的症状,可以被认为是对这种社会状况,及过分强调治疗的现代心理疗法的警告。它也可以被看成,对过分注重生而忘却了死的文化的一种补偿作用。现代心理疗法中类似过渡礼仪的体验,是缺乏绝对神圣的存在的。正因为如此,我们是不可能拥有那种最大规模的、将死的内容也纳入其中的仪式的。

我们对以上情况的反省是,心理咨询师的态度——结构化或是对生的偏重——是否在助长边缘性人格障碍症的发生。有时候即使某些本来并没有多少症状的人,可能也会作为一种反作用,对社会或对作为社会代言人的心理咨询师,表示出一些边缘性人格障碍症状。如果咨询师对此状况不能理解,而是一味地急于"治愈"的话,反而会出现患者的症状加剧的情况。最近有"边缘性人格障碍患者数量在增加"的说法,我们应该考虑到,类似的情况是否是使病例增加的一个原因呢?

治疗者在对待边缘性人格障碍时,应该从"治愈"的想法中走出来,应该持有自己也同样是"边缘人"的生活态度。当然生活在这个世界上,如若把自己绑在唯一的原型意象上,就会寸步难行。实际上,这就是边缘性人格障碍症的问题所在。我们的任务不是去彻底地铲除它,而是通过对它的理解和接受去逐渐削弱其力量。为了在这个世界上生活下去,我们希望能具有特纳所说的在"结构和共同体的辩证法过程"中生活的态度。为了能做到这一点,特纳曾提出,我们应具有一种"英知"。他说,"所谓'英知',就是在特定的时间和场所,随时能找到社会结构与共同体之间的最佳关系。我们要学会,在一定的情况下采用最适当的样式,且不放弃其他样式。同时我们也要能做到,不太过执着于目前所采用的样式"。

具有这种"英知"虽然很难,可当事者为治疗者创造了一个锻炼的环境,使我们能期待得到这样的"英知"。

特纳曾对赞比亚登巴族的首长任命式礼仪的阈限作过阐述。在仪式上,被选为首长的人要彻底接受人们的"谩骂"。仪式开始后,被选为首长的人被人拽到一个垫子上后,谩骂就开始了:"不许出声!你是一个专门利己的蠢物!你是最性情乖戾的家伙!你从来不爱人民,只会怒对人民!你所有的本事就是自私自利加盗窃!"就这样,人们对他进行了长时间地、彻头彻尾地谩骂。这时候,这位被选中的首长,一定要默默无言地低头坐着,表现出"能忍耐一切"及十分谦虚的姿态。如果一个被当事人彻底臭骂过的治疗者,能把这个经验看成自己成长为心理咨询师的必经之路,或把它看成治疗空间的首长要经历的过渡礼仪之一,不是很有意义吗?

在面对边缘性人格障碍患者的刻薄要求时,治疗者与其费力去考虑如何直接反应,如何抑制自己,还不如将其视为一种我们前边也曾提到的,是对这个大"阈限"需求的表现。我们在把握好这个问题的基础上,需要下更大的功夫去琢磨,作为一个边缘人如何与患者共同生活下去的问题。如果朝这个方向认真地去摸索去努力,我们就不会拘泥于是否能"治愈"这个问题,对边缘性人格障碍的恐惧也会大大减轻。

注：

（1）河合隼雄「心理療法におけるイニシエーションの意義」、『心理療法論考』新曜社、一九八六年、所収。　河合隼雄『影の現象学』講談社、一九八七年。

（2）V. W. Turner. *The Ritual Process: Structure and Anti-Structure.* 冨倉光雄訳『儀礼の過程』思索社、一九七六年。

后　记

　　心理疗法从多重意义上来说是"接点"的工作，外界与内界、日常与非日常、心灵与身体，及东方与西方的接点，还有亲子之间及男女之间接点的问题。笔者在每天的心理咨询工作中，在徘徊于这些接点之间的过程里，写了一些论文。这些论文就要集中起来以一本书的形式出版了。

　　本书的第一编，来自笔者之前的《生命周期》一文。这篇论文从人生背景里的原型这个角度，讨论了一个人从生到死的轨迹。从原型的视角看人生，可以看到与从一般视角所见不同的风貌。我们也从中看到了，人生道路上许多更丰富多彩的可能性。

　　关于老年问题，本书中包括三篇论文。我们谈老年，不能立即联想到痴呆。老年本是一种闪烁着光辉的、极有意义的存在。

　　第二编"现代社会与边缘性"是笔者自己最近比较关心的问题，书中"现代与边缘性"一章特为本书所写。之所以选这个题目，是因为笔者自己在思考边缘性人格障碍这个使临床家们伤脑筋的难题时,特别是在思索其文化上的意义时,逐渐注意到了这个问题与现代一些具普遍性的重大课题的关联。其中"边缘性人格障碍与阈限"一节,以讨论边缘性人格障碍的本质为主题。此文作为试论,之前曾在京都大学教育学部心理教育咨询室的学报上发表,这次重新进行了相当篇幅的修改。为完成此文,笔者曾于 1988 年 5 月,在瑞士苏黎世荣格研究所为期一个月的讲学期间,与正在那里留学的儿子河合俊雄,及斯图加特的荣格派分析家吉格利西(Giegerich) 博士,进行了多次讨论。这一系列的讨论,成为后来改写这一部分论文的基础。

　　书中"男女老少的原型"一节被译成德文,曾刊行于吉格利西博士主编的学术杂志《戈尔戈》(Gorgo) 第 11 期。《边缘性人格障碍与阈限》一文也已被译成德文刊行。笔者在海外演讲时曾提及,打算今后尽量在海外发表自己的看法,通过重视与国外学者对话,走向国际化。

　　日本人以前曾接受过许多欧美文化的影响。然而,围绕着生死观、世界观等一些根本问题，日本思想和西方思想之间的碰撞和切磋，正是我们今后的课题。这不是类似哪一个更好，应该采用哪一个这个层次的问题。我们应有的姿态是，期待着通过正面辩论，产生出一些新观点。本书便是对这种方式的一个尝试，希望大家理解。

1987 年年底，笔者出任京都大学学生部长。原本考虑到，此书只是把以前发表过的东西重新组织一下的事情，便觉得问题不大。结果一拖再拖，拖延至今。为避免文章内容的重复，虽然做了订正工作，如若出现差错，谨请宽恕。

如果此书能帮助大家，产生出更多有意义的接点的话，将是非常令人欣慰的。

1989 年 3 月

附录一　青春期的过渡礼仪

一、心理疗法与过渡礼仪

在心理疗法的过程中，为更好地理解来访者的言行举止，过渡礼仪有时能起到一定作用。文化人类学的研究成果，对心理疗法有诸多影响，其中过渡礼仪是一个很重要的内容。

1975 年，笔者首次发表了关于过渡礼仪的思想在心理治疗中具有重大意义这一观点[1]，并在学会上得到了广泛认可。然而，随着这个观点在社会上的普及，却渐渐产生了一些误解，又由于一些过于肤浅的理解，出现了对这一理论的生搬硬套，并将其强加于当事人的危险趋势。基于这些因素，笔者萌生要对青春期过渡礼仪进行一下讨论的想法。

众所周知，过渡礼仪在非近代社会，是人们加入一个新的社会集团，或其社会地位、社会资格发生急剧变化之际所要实行的一种礼仪。最初人们只将其视为"未开化"社会的一种罕见习俗。然而，宗教学者埃利亚代的研究不拘泥于礼仪的外部构造，而对参加者的内心体验及其中所具有的象征性等因素进行了仔细观察，第一次提出了过渡礼仪对现代人也具有意义的观点。埃利亚代认为，过渡礼仪表现为"一个礼仪及口头说教群体（oral teaching）"，其活动目的"在于根本改变参加者的宗教及社会地位"。

每个普通的现代人,在自己的一生中,也都会有自己人生阶段的节点,在这段时间里,人的内心必定会经历相当的变化。同时,也正如埃利亚代所指出,近代社会失去了过渡礼仪的这个特点,使人内心的变化只是在下意识中匆匆而过。正因为如此,社会便发生了某些问题和困难,如下文中也将谈及的那样,非近代社会的过渡礼仪的零星片段,时常作为"事故"或"伤害"出现在我们之中。

实际上,通过观察一下前来心理咨询的谈话人的情况,我们注意到他们的问题往往表现为他们的"已成为大人了,却不像大人""已经结婚了,却不像丈夫(妻子)"这样的情况,客观上社会地位已改变,可由于主观上并没有清楚地认识或意识到这些变化,结果出现了心理问题。

那么,为什么到了现代社会,如此意义深远的过渡礼仪的仪式就消失了呢? 对这个问题我们必须深刻理解。

这是由于在现代社会,支撑着过渡礼仪的神话世界观完全崩溃的结果。神话世界观认为,人们所居住的这个世界(这片土地),为诸神时代所创。新出生的孩子们,到了一定的年龄,才被允许加入这个世界中去。孩子们得通过参加过渡礼仪,在过渡礼仪中精神上脱胎换骨,从而再生为这个世界的一分子。届时,他们通过口头传承,来认识这个世界的历史构成,从此开始学习一个成人的应尽职责。

为了达到这个目标,所有参加仪式的人,以及所有在此世界上的人,都必须共有神话世界观。然而,随着近代欧洲科学研究的发展,人们逐渐将神话世界观视为"迷信"。加上到了近代人们开始相信,人类社会的发展趋势在走向进步,社会是随着时代的进步而发生变化的。以这种观点来看,去加入那种固定不变的"诸神所创造的世界"的想法,自然是不可理喻的。这样,到了近代社会便放弃了过渡礼仪。想来这也是很自然的事情。现代人不可能去相信,非近代社会的人们所共同拥有的、信仰神话的世界观。

可是,这里之所以始终存在着理不清的状态,其难点在于人类的特殊性。过渡礼仪虽然已经消失,可现代人在经过自己人生的节点时,某种意义上的"变革的体验"仍是不可缺的。如果疏忽了这一点,便会出现类似"不像大人的大人"的问题[2]。说得更明确一些,集体共同举行的过渡礼仪虽然已经不存在了,可作为一个个独立的个人,仍需要适合于自己的"过渡礼仪"。没有这个经历,则迈不开下一步。从这个意义上说,即使是现代人,他们在青春期也是需要"过渡礼仪"的。所以,接下来我们便来探讨一下青春期的心性。

二、青春期的心性

在人的一生中有一些非常重要的阶段,其中青春期是重中之重。我们甚至可以说,在一个人的一生中,没有其他任何一个时期,人会经历比这一时期更大的变化。从孩子到成人,实在是一个天翻地覆的变化,而青春期则是这个变化的切入口。

　　在这个时期人的身体在迅速成长，是人生第二次性别特征的显现期。同时，人的内心深处也在发生着相当的变化，而本人几乎是不可能有意识地把握这些变化的。本人会感觉到自己有一种莫名的不安和冲动，可却无法准确地将这种感觉表现出来。因此，到了青春期，很多孩子会突然变得沉默寡言。父母有时会误解为，孩子或许有心事不愿告诉大人，其实孩子并不是要隐藏什么，只是不知如何表达而已。

　　在讨论青春期的特点时，笔者常用"蛹的时期"来比喻。毛毛虫到蝶的过程并不是一步到位的，其间必须经过"蛹"的过程。笔者认为人从孩子到成人期间，也有一个"蛹"的阶段。蛹的特征是，外部有着坚硬的外壳的保护，而内部则发生着巨大的变化。同样，人从少年到了青春期，表面上看，其活动变得迟钝，与人交流时显得拘谨，沉默寡言，其实其内部则发生着巨大的变化。正像蛹被坚硬的外壳守护起来一样，这个时期的孩子也应得到家庭的充分保护。

　　然而，本应该在"蛹"内部所发生的巨大变化，如果在一定程度上有所外露的话，那可以说就相当于青春期特有的"粗暴"。抽烟、吸毒、飙车、盗窃、欺弱行为等，其实有过这些不良行为的一些孩子，日后并不能解释清楚自己当时的行为。有人回想起来，会感叹道"那时候的飙车真可怕，现在没胆量这么做了"。

　　其中还有些人，就这样不明不白地踏上了不归路。说起来，正因为是"毛毛虫"的死，换来了"蝴蝶"的诞生，所以这个阶段会突然出现"死"神离自己很近的感觉。对青春期孩子的自杀，往往找不到一个能令人信服的"原因"。这些原因有时被说成是被母亲训斥了一顿，有时说是因为跟朋友大吵了一次，可怎么看这些都并不可能是自杀的真正原因。

　　我们来看一个非常特别的例子。镰仓时代著名佛僧明慧曾在十三岁那年企图自杀。当时他所留下的话是"我虽然只有十三岁，却已老了"[3]。当时他听说，如果把尸体丢置在墓地，就会被狼或者野狗吃掉。所以夜里他便自己去躺在墓地里。可是，因为狼和狗不吃活人，所以他没死成。后来他认为自己仍然活在世上应是佛意，因而放弃了自杀的念头。

　　尽管这个故事非常骇人听闻，却如实表现了青春期少年的内心世界。"十三岁已经老了"的感觉，是否是一种"告别孩童期"的心境呢？对于这一点，也许并没有多少人会有同感，但笔者认为，在"原因不明"的青春期自杀的孩子中，有些应存在类似的心境。对"完成"来说，如果接下来便是遭"破坏"的话，那么自己则出来画上句号，这种可能也是有的。尽管是在接近死亡，可被狼活吞的画面也过于凄惨了。虽然残忍不堪，却是古代过渡礼仪画面中自然会出现的内容，具有很深的象征性意义。

这样的青春期,对整个人生来说是一个大变革的时期。这个时期时常会存在着意想不到的危险。很多大人对自己青春期的情况都记得不甚清楚,这是因为在那段时间里,存在着太多想即刻忘却及所料不及的事情。

古人为使孩子能顺利渡过这样的危险时期长大成人,下了许多功夫。这些功夫逐渐地形成和确立为一个制度,即迈入成人之际的过渡礼仪。不言而喻,这个仪式当然与现代的"成人式"是完全不同的。

三、拒学,家里蹲,欺弱行为

我们来讨论一下关于现代青春期孩子的所谓"有问题的行为"。在中学生里"拒学"的人数很多,这一点已成为众所周知的事实,而且每年还在不断增加。"欺弱行为"也是一个大问题,不过至少在增长数量上得到了控制。暴力问题是当然存在的,在家庭和学校都有可能会发生暴力事件。拒食情况也仍在增加。这些问题被细数起来,似乎是数不胜数。

关于"青春期的过渡礼仪"的问题,岩宫惠子写过一篇极为深刻的论文[4]。下面我们来引用一下:

> 生殖器或皮肤遭伤害,头发被人拔掉,牙齿被打断,使人处于无法进食状态,禁止说话,把活人当死人对待,被强制从高处往下跳……这不是对欺弱行为内容的描写,这是未开化社会进行过渡礼仪时,对人进行

考验过程中的例子。通过各类研究报告，大家了解到，其实欺弱行为与此极其相似。

确实如岩宫惠子所指出的，今天青春期孩子的欺弱行为，与古来过渡礼仪时所施行为极其相似。这是否能说明，在现代社会，虽然以集团为单位的过渡礼仪消失了，可在人们的无意识中，仍期待着它的复活呢？或者我们可以进一步认为，在现代社会，人们需要以个人为单位的过渡礼仪，历史上过渡礼仪所留下的支离破碎的情节，在无意识中被显现了出来。

如此理解的话，在青春期孩子所发生的不良行为背后，似乎可以承认这是对过渡礼仪的一种需求。当然这并不是在肯定那些不良行为。在这里如稍有疏忽，就很可能会出现认可不良行为的错误。

类似"拒学，家里蹲，欺弱行为"当然是越少越好。然而，因此就强迫拒学的孩子去上学，也于事无补，对家里蹲来说也是如此。此时最好由心理咨询师，去理解当事人为何拒学。在此过程中，过渡礼仪的有关知识会起到很大的作用。只是，即使心理咨询师摸索到了问题所在，但想要通过语言将其转告给当事人，得到当事人的认可，也多半是不可能的。另外，想让孩子把自己的内心体验用语言表达出来，这本来就是一个难题。这一点是未成年当事人与成人当事人的不同之处，也是困难所在。

治疗者对当事人有了一些理解,却并不能将其转告给对方,而对方内心想法也表现不出来。治疗者由此便匆匆断定,治疗不可能有进展的态度是不可取的。比如,跟家里蹲的孩子会面时,虽然与对方还没什么对话,那些对过渡礼仪有所理解的治疗者,不会仓促地认为这个孩子"不可救药",也不会对此烦躁不安。这样的治疗者能够充满希望,安下心来慢慢等待。而这样的态度很有助于治疗。

在"欺弱行为"的场合,情况则有所不同。对欺弱行为及吸毒等行为,必须明确指出"绝对不可以"然后去加以禁止。此时"理解"对方的态度是错误的,需要绝对禁止时,态度不能有丝毫暧昧之处。尽管明确禁止,却不能由此便对这样的孩子作出"坏孩子"的判断,这一点非常重要。

虽说如此,如何才能适当地、较好地表现出这个意思呢?关于这一点,我们要充分相信孩子的感受性。没完没了的长篇大论,只会适得其反。明确了"不可行之事,绝对不可行"之后,治疗者即使保持沉默,孩子还是能够感受到绝对不可以的态度与其他态度之间的微妙不同。

在中学里,有些教师貌似十分理解学生,可学生并不欢迎且不屑一顾,相比之下,另有一些老师尽管平时会大声呵斥学生,却深受学生爱戴。这应该与上述情况是相关的。

四、过渡礼仪的形态

正如我们最初所谈及的那样,人们对过渡礼仪已经有了普遍的了解，可以说在临床心理学领域尤其如此。对此，曾与笔者对谈过的中沢新一提出了以下问题[5]：

他认为，我们对过渡礼仪的理解，受到了埃利亚代所提出模式的束缚，并且过分地相信过渡礼仪只存在那些内容。他说："文化人类学者们，对此也有一些疑问。比如，埃利亚代的想法是否真的正确？是否过于简单化？是否过于牵强地要将其归纳于单一的思想构造呢？我体会到，过渡礼仪应该具有更复杂、更多样的要素。"

如此说来，这一点确实需要加以反省。如果按照"分离—过渡—统合"的构造来看过渡礼仪的话，确实非常容易把握。可如果理解方法不得当的话，则会导致将所有个案采用同一模式处理的结果。这样，在对个案本身的理解上就会发生问题。对于这一点，下边进行进一步的考察。

心理疗法工作带有很强的个别性。我们当然要尊重来访者的个性和主观独立性。虽说如此，如果只强调个别性的话，治疗者会陷入云里雾里，变得缺乏安定性。所以，要在一定程度上找出人类一般的共性，将其理论化，并将其作为认识问题的基点。在这个阶段上，比如说，"过渡礼仪"也可以被用为支撑自己理论的一个重要概念。只不过难以避免的是，它一旦被用作一个概念，由于用起来方便，很容易出现中沢新一所指出的那样变成简单唯一的模式的情况。

现在回到问题的原点重新考虑，青春期个案里，在从孩子向大人转变的过程中，我们应该可以找到，埃利亚代模式以外的其他"过渡礼仪"的模式。从这个观点出发，一定会得到有意义的研究成果。希望与青春期孩子有关的临床专家们，能够以这样的态度来处理个案。

岩宫惠子在了解个案时，曾用漫画故事《阴阳师》来分析。笔者虽不常读漫画，但知道日本漫画里确实有一些与青春期孩子内心世界深切相关的作品。一些处于青春期的当事人，带着自己喜欢的漫画书来谈话。他们通过把故事读给治疗者听，或者在把故事情节讲给治疗者听的过程中，克服了心理障碍。那么，用"过渡礼仪"的观点来分析这些漫画作品，如果从中能找到埃利亚代所提出模式以外的模式的话，对今后青春期孩子的个例研究一定会有帮助。笔者非常期待有人能对这个领域展开研究。

如前所述，在现代社会，过渡礼仪的难处在于现代人放弃了神话世界观这一点。所以，我们心理咨询师似乎总是在做着类似巫师的工作，可我们绝不是要成为巫师。这一点我们必须充分认识到，不然就会出现一种危险状态，即指导中学生的大人们，在某种情况下容易结成类似宗教团体的组织，而自己则成为"教祖"。当事者无意识中会流露出来的对一种特别形象的追求，正是过渡礼仪所必要的某种超越的存在。治疗者要意识到的是，自己有时可能会去扮演这种超人角色。

另外，关于过渡礼仪时所进行的"口头教育"问题，虽然这也是没有共同神话世界观的情况下所无法进行的，可有的时候,类似的"口头教育"也会有一定的作用。这是一个很值得讨论的问题,笔者今后将易稿再论。

注:

(1) 河合隼雄「心理療法におけるイニシエーションの意義」、『心理療法論考』新曜社、一九八六年、所収。

(2) 河合隼雄『大人になることのむずかしさ』岩波書店、一九八三、一九九六年。

(3) 河合隼雄『明惠夢を生きる』京都松柏社、一九八七年。 講談社+a 文庫所収、一九九五年。

(4) 岩宮惠子「思春期のイニシエーション」河合隼雄編『心理療法とイニシエーション』岩波書店、二〇〇〇年、一〇五――一五〇頁。

(5) 中沢新一、河合隼雄「〈対談〉イニシエーションの知惠」河合隼雄編『心理療法とイニシエーション』岩波書店、二〇〇〇年、一九一――二一七頁。

附录二　如何生，又如何死？

柳田邦男

一个人的思索与其文体息息相关是不言自明的道理。这一点对理解河合隼雄的思想特点尤为重要。

我们来引用一些河合先生的文章。为了拓宽眼界，加深对《生与死的接点》的理解，我们舍近求远地从河合先生的其他著作中，挑选出那些最能表现他的思想及思考方法的篇章，集萃如下：

> 近代科学技术的前提，是将人与作为人的对象的现象进行分离。因此，可得到适合于任何人的普遍理论或方法。这是人类随心所欲地支配世界、操纵世界的一个有力武器。然而，当对象与人类有着千丝万缕的关系时，这个方法则会失效。向月球发射火箭时，近代科学是有效的。可当家人共赏中秋明月，通过月亮进行人与人之间心灵的交流时，月亮上兔子做年糕的故事则更为贴切。可在科学技术迅猛发展的今天，月亮上有兔子存在这层关系当然被否定。由此，许多现代人陷入"丧失关系"的病症，痛苦孤独地挣扎着。
>
> （河合隼雄：《纳瓦霍之旅　灵魂的风景》，朝日新闻社，第13—14页。）

仅此非常有限的引用,我们便可了解到河合先生的思想的主要根干之一。这里很清楚地表现了其思想中关于"科学的智慧"之于"神话的智慧",或者说"科学的普遍性"之于"神话的普遍性"的构图。我们也可以看到,现代科学主义的绝对优势所造成的人在思维深处和生活方式里的"故事传说思维的丧失",以及人与人之间心心相印的联结关系丧失的构图。

而且,尽管是如此深奥的哲学思索,文中时而插入巧妙的比喻,使文章十分通俗易懂,又具有说服力。他的文章不是教条地强迫性地提出问题,而是引导读者自己来积极地思考。比如下面这样的写法就是一个例子:"不是有许多现代人苦于'丧失关系'的病症,孤独地挣扎着吗?"在此并不是因为没有自信,而采用"不是……吗?"这样的问句。实际上,这个问句并不是一般的疑问,而是由于人的心灵问题本质上存在许多暧昧之处,所以作者选择用这样的文体,来引导读者与作者共同思考问题。

再看一下另一段引用。这正是一个从根本上充满暧昧的问题,也是一篇讨论"灵魂"问题的重要文章。

希尔曼(James Hillman)认为,灵魂是人们有意使用的一个暧昧概念。因为它的暧昧,严格地说其实不能被称为"概念",并且不可能被明确定义……为什么暧昧呢?为什么要特意用这一暧昧用语呢?为了找到这个问题的答案,我们得注意笛卡儿关于物质与心灵明确区分的说法。笛卡儿式的区分,使世界上的一切都明确化了,可同时是否也使人的存在失去了什么重要的因素呢?这个重要因素便是灵魂的存在,为了应对笛卡儿式的明确区分,灵魂的表现必须是暧昧的。

(河合隼雄:《宗教和科学的接点》,岩波书店,第17—18页。)

第二次世界大战后,日本的心理学学会由于受到美国实证主义、科学主义的影响,到了只要谈到灵魂就受到多方攻击的状况。其背景之一是,第二次世界大战中,送年轻人到战场上时,提倡的"大和魂""日本精神",这种被扭曲了的精神主义创伤后遗症依然存在。当时无论说什么都必须与"科学"挂钩。20世纪80年代后半期,河合先生曾对我说"灵魂这个词,非常长的一段时间以来,大家不敢在学会上使用,最近才好不容易开始使用"。顺便说明一下,以上所引《宗教和科学的接点》一书的内容,曾连载于1985年到1986年之间的《世界》月刊。

非常耐人寻味的是,此文在讨论"灵魂"的暧昧性时,河合先生没有使用类似"不是……吗?"那样的将问题抛向读者的反问句,而用了非常肯定的话说:"这个问题不得不说得很暧昧。"使用这样的语气很可能说明,河合先生面对当时学会上所遇到的、在讨论"灵魂"问题时来势凶猛的科学主义潮流,已经下决心要表明自己坚定的态度了。之所以这么说,是因为他在那本书的"作者后记"里写道,"关于议论'灵魂'的事情,有了相当程度的实际体验",这里其实暗示了那些意思。

这里之所以从河合先生的《生与死的接点》以外的著书中做一些引用,正如开始所提及,是因为我们需要了解作为阐述"生与死"背景的河合先生的思想构架,是同影响了现代许多学者及研究者的科学主义针锋相对的。如果对这一点没有足够的认识,就不可能正确理解河合先生"生与死"的思想。

究其根本,这是一本讨论人生的著书。我认为书中的讨论,始终围绕在"如何生,又如何死"这个坐标轴上。因此,我个人从本书所讨论的以下几个课题中受到了启发,也极有同感,即"包括老与死的生命周期论的视野""关于如何认识死后生命方面的神话意义上的智慧""与发展主义相对立的老年意义""死的意识与过渡礼仪""如何站在超越年龄的角度看人的全体性"等。

围绕着癌症死亡和至亲死亡,我对一些问题坚持了近30年的采访和写作。比如,面临死如何生活下去,他们的生活态度给了我们怎样的启示,死者周围的人(家属)如何接受生死别离的现实,亲人过世后的生活又是如何等。在这样的经验和过程中,我所发现和思考的一些问题,从结果上看与河合先生从心理学临床指导及研究所摸索到的人生观及生死观基本重合。当然,我不是学者,所以我的想法并不像河合先生的学问那样,在心理学上实现了独自的体系化及学问上的概念化,也不具有他那样捕捉问题的视线。

河合先生的生命周期论与我所思考的问题完全重合。迟暮之年,七病八痛,无论你愿不愿意,参加社会活动的机会都会减少,对社会的贡献也自然近乎零。生命周期理论,这个在社会的高度发展时期得到了广泛讨论的理论认为,人出生后在身体上和精神上不断茁壮成长,到了壮年则达到发展的高峰。此后无论在身体方面,还是在对社会的贡献方面均开始走下坡路,一路到底,以死亡为终点。

可是,对那些患晚期癌症、走近死亡线的人来说,日子虽所剩无几,却仍在各自不同的工作上、社会活动中,竭尽全力与他人交流及与家人共度时间。之后遗留下的家人,在故人以往的音容笑貌的支撑下,又迈出新步伐。这些情景让人意识到了一个非常重要的道理、一个严肃的事实。那就是,在"生命"(life)这个含义极为丰富的词里,人生所包含的意义,不仅有属于生物上"肉体的生命",而且有由思索、感情、宗教心所构成的"精神的生命"。人到了年老多病的时候,正是这个精神的生命,支撑着你走完最后一段人生路,同时也作为精神上的食粮,继续支撑着那些活着的亲人。

如此想来,"精神的生命"不会由于生病和因为年老而走下坡路,如果从不断成熟的角度上来看的话,反而应该是在走向更高的阶段。精神的生命，并不会因为死亡而终止，而会继续活在后人心中，甚至得到发展。

这与之前的生命周期论相比，等于有了一个 180 度的变化。如果把生命周期的视点，延长到死和死后的生命，我们就一定能从"人死了以后一切都消失了"的恐惧、虚无感中解放出来。而且这样的生命周期论，会激励我们在人生的最后一段路程上，生活得更积极、更乐观。

在我五十二岁时，因儿子精神方面的疾病，我们参加了佛教系统主办的重新审视自己内心的内观活动，接受了设在山林里长达七天的修身养性的活动。在审视内心的第六天，我看到了曼陀罗。自己紧闭双目的眼帘上，出现了光辉灿烂的曼陀罗。自己坐在中间，周围几乎有无数穿着僧服的人们和自己坐在一起。不知为何，这些僧人都是平时自己很熟悉的亲人、兄弟姐妹、恩师和朋友。我在那一瞬间涌现出的想法是："自己心里原来住着这么多的人，自己被如此众多的人支撑着、养育着。"过去曾有过的那种，感到自己的人生全是靠自己打拼出来的傲慢和自信，忽然间全部烟消云散。这种体验，随着岁月流逝，在自己离世后，将会在谁的心中开花结果，然后自己也变成那个曼陀罗中的一人继续存在下去。这就是现在我对死后生命的一个比较固定的意象。

所以，河合先生在书中写道，如果能把生命周期"延长到死的界限以外来考虑的话，可以看到更完整的构图"。从这个观点出发,在看到下面几段文章时,我禁不住感觉我们之间的想法不谋而合。

> 暂且不论死后生命是否存在,借助于死后生命的形象化,从而使我们的人生更加丰富,使我们的人生观更加完整。如若通过死后生命的视角来看今生,则有可能把握住更有意义的今生。

> 死后生命并未在科学上得到求证。可是,即便只是把它当成自己的神话智慧来看,对在如何接受老、死这个问题上,也无疑是有帮助的。

只有从这种超凡脱俗的、崭新的生命周期的观点上看问题,才能充分理解河合先生的学说中老年的意义。一个人意识到自己在这个世界上的生命正接近尾声,那么这个人的美好、宁静的老年生活便开始了。认识到"静的人生"比"动的人生"更有厚度,并注意到了其中包含的"老人对社会的不可估量的意义",才能从根本上重新评价那种为进步发展而盲目狂奔,作为一个人却失去了人所应有的"精神生命"的生活方式。这是一种多么美好的老人观! 这样的老人观,尖锐地抨击了那种由于不愿直视死的问题,进而忽视身边的老人、忽视经济能力正在减退的老人的现代特有的老人观念。

如果能从我们开始提到的与近代科学思想对立的"神

话的智慧"的立场上去理解河合先生的思想,将其放入与人的本质相关的"灵魂"这个思想构架中看的话,我们就能得到更深刻的理解。

出版后记

河合俊雄（刘曦坤　译）

　　我的父亲河合隼雄，是第一个将荣格心理学正式介绍到日本的人，这套合集是他有关"心理治疗"的代表作品，此次为了一般读者的携带方便，以小型平装本的形式出版发行。2006 年 8 月父亲突然病倒，就这样昏迷不醒近一年，直到2007 年 7 月故去，至少在意识上，他并没有做好死的准备。因而以他生前的工作方式，很遗憾，他几乎没有留下什么遗稿。他所留下的工作已经无法进行整理出版，于是现在这个合集的出版就含有了追悼的意味。

　　这套合集，从他的第一部作品《荣格心理学入门》开始，到晚年所著的《心理治疗入门》为止，读者从中可以追寻到河合隼雄有关心理治疗的思考变迁的轨迹。《荣格心理学入门》一书，主要是介绍他在欧洲学习到的心理治疗理论与方法，同样是初期作品的《心理咨询实务》则更多记载了他自己的体验和他身体力行的心理治疗的案例，因而更为本真生动。而作者自成一体的对心理治疗的理解和实施方法，在他六十三岁从京都大学退休时所著的《心理治疗之路》中呈现出更多的自知和觉悟，这在他初期的作品中虽然已有端倪，但无疑后期更为鲜活。

所谓心理治疗，不论治疗师如何努力也要根据来访者这个他人的情形而定。父亲河合隼雄所提倡的心理治疗理论，经常是在与其他的学术进行不断的对话，与各种语境或背景的不同流派互相对照中展开，这也是荣格心理学派的特征。这些思考反映在《生与死的接点》中关于文化人类学和宗教学的见解，在《荣格心理学和佛教》中则是汲取了来自佛教的智慧。虽然他的心理治疗观很多时候与（自然科学式的）"科学性"不无分歧，但他从未停止对科学性的思考。他最后的著述《心理治疗入门》，涉及了意象、身体性、团体、叙事等各种与其他流派相关联的心理治疗，是收集《心理治疗讲座》这套八卷本丛书的卷首概要整理而成的，将未形成体系化的心理治疗以各种语境紧紧抓住，他的这种学术态度可以说是贯穿始终。

有关心理治疗著述的编辑工作，现在已经以小型平装本的形式出版,虽然没有任何一本有编辑上的难度,但仍旧不能保证网罗了他的全部作品。只是一般读者可以通过阅读这套合集,了解到河合隼雄对于心理治疗的思考方式的精髓。

有关著作版权的许可,非常感谢培风馆和诚信书房的理解。本套合集中,《荣格心理学入门》和《心理咨询实务》(之前诚信书房以《心理咨询的实际问题》为书名出版)由于对某些章节作了选录,对于希望了解更专业内容的读者,我强烈推荐培风馆和诚信书房出版的完全版本。同时,衷心感谢在百忙中痛快答应为各卷撰写解说的老师们,还有从策划到各种审核都多有关照的岩波书店的中西泽子女士。

2009 年 3 月 31 日